Helmut Wirths

Taschencomputer im Mathematikunterricht

Aufgaben und Beispiele

Helmut Wirths

Taschencomputer im Mathematikunterricht

Aufgaben und Beispiele

Oldenburg 2021

FSC
www.fsc.org
MIX
Papier aus ver-
antwortungsvollen
Quellen
Paper from
responsible sources
FSC® C105338

Bibliografische Information der Deutschen Nationalbibliothek: Die Deutsche Nationalbibliothek verzeichnet diese Publikation in der Deutschen Nationalbibliografie;
detaillierte bibliografische Daten sind im Internet über dnb.dnb.de abrufbar.

Herstellung und Verlag :
BoD – Books on Demand, Norderstedt

ISBN 978-3-744 802 116

Inhaltsverzeichnis

Vorwort

Dieses Buch möchte zu einem sinnvollen Einsatz elektronischer Hilfsmittel wie zum Beispiel Taschencomputer, Tablets, Notebooks oder PC im Mathematikunterricht anregen. Es soll an Hand exemplarisch ausgewählter Probleme die große Bandbreite an Einsatzmöglichkeiten in den traditionellen Gebieten der Schulmathematik dargestellt werden. Ich hoffe, dass beim Durcharbeiten dieser Beispiele deutlich wird, wie sich der Mathematikunterricht bei Einsatz des Taschencomputers verändern wird, aber auch, dass es sich lohnt, den Unterricht so zu verändern; denn diese Veränderungen verstärken Tendenzen, die auch ohne Rechnereinsatz wünschenswert sind. Letztlich bleibt es Lesenden überlassen, ob sie die Einschätzung erster Erfahrungsberichte teilen, in denen euphorisch davon gesprochen wird, dass der Einsatz eines symbolisch arbeitenden Computers (CAS-Rechners) gegenüber bisherigen Rechnern einen „Quantensprung" (vgl. Kutzler (1996) darstellt.

Die Beispiele wurden sowohl im Unterricht am Gymnasium als auch in Didaktik-Seminaren des Autors an der Universität Oldenburg mehrfach erfolgreich erprobt. Die hier vorgestellten Probleme müssen nicht in der von mir vorgenommenen Reihenfolge behandelt werden, sie sind unabhängig voneinander zu bearbeiten. Die einzige Ausnahme sehe ich in der Einarbeitung in die dynamische Geometrie-Software (DGS, zum Beispiel Cabri Geomètre oder Euklid/Dynageo). In Kapitel 5.2 sollte die erste Teilaufgabe von Aufgabe 1 zuerst bearbeitet werden. Sie ist als Einführung in die Arbeit mit DGS gedacht. Die hier vorgestellten Probleme eignen sich auch gut als Basis für Schülerreferate. Wer nicht zu umfangreiche Bearbeitungen als Einstieg sucht, dem seien die Kapitel 3.2 (Klassische Probleme), die ersten zwei Aufgaben und Teil a der dritten Aufgabe von 4.1 (Übungen im Koordinatensystem), 4.2 (Terme), 8.2 (Kaufverhalten – stationäre Matrizen - Fixvektoren), 8.3 (Verflechtungsmatrizen – Produktionsvektoren - innerer Bedarf), Kapitel 11 (Perelman-Aufgabe), 12 (Sierpinski-Dreieck) und die 3 Aufgaben aus Kapitel 13 empfohlen.

Kapitel 9 informiert, wie Einzel- und Bereichswahrscheinlichkeiten im Modell der Binomialverteilung exakt ohne Umweg über die Normalverteilung berechnet werden können. In Kapitel 10 wird die enorme Leistungsfähigkeit der dynamischen Statistikanalyse- und Stochastiksoftware Fathom 2 am Beispiel von Simulationen vorgestellt. Hilfen bei der Satz- und Beweisfindung bei einem Zahlenrätsel von Perelman, die ein Rechenblatt bieten kann, ist Anliegen von Kapitel 11. In Kapitel 12 findet am Beispiel des Sierpinski-Dreiecks ein Ausflug in die Welt der Fraktale statt. Wie Probleme aus der Physik, die auf Gleichungssysteme führen, sinnvoll auch in den Mathematikunterricht integriert und dort mit Hilfe des Taschencomputers gelöst werden, darauf geht Kapitel 13 ein.

Ich wünsche den Leserinnen und Lesern viel Freude an der Lektüre dieses Buches, vor allem aber, dass die Gestaltung eines lebendigen Mathematikunterrichts mit Einsatz des Taschencomputers oder eines anderen elektronischen Hilfsmittels gelingen möge.

5. Auflage   Oldenburg, im Frühjahr 2021

1. Einführung

1.1 Persönlicher Rückblick

Im 10. Schuljahr meiner eigenen Schulzeit als Schüler kamen als erste ernst zu nehmende Hilfsmittel im Mathematikunterricht die Logarithmentafel, ein Tafelwerk, der Rechenstab zum Einsatz. Das Erlernen des Umgangs mit dem Rechenstab im 10. Schuljahr, der Einsatz bis zum Abitur, im Studium vor allem in den Physik-Praktika und in meinen ersten Jahren als Mathematik- und Physiklehrer markierten für mich einen deutlichen Einschnitt in meiner Sicht von Mathematik. Im Vorwort der ersten Auflage (1950) von Stender/Schuchardt (1967) steht : „Der Rechenschieber oder Rechenstab ist das wichtigste und nützlichste mathematische Instrument für genähertes Rechnen. Als Vorteile des Stabrechnens sind in der Literatur anerkannt :

1. Die Rechenschiebermethode führt zum sinnvollen Rechnen, das alles andere ist als eine mechanische Tätigkeit. Der Benutzer des Stabes muss vielmehr seine Aufgabe mit Überlegung zusammenbauen und durchführen. Das bedeutet eine Vergeistigung der Rechenarbeit und eine Erziehung zur Selbständigkeit. Wenn wir bewusst auf die leidigen Stellenzahlregeln verzichten, so muss sich der Lernende durch vorherige Überschlagsrechnung über die Größenordnung des Resultats klar werden. Dabei wird das wichtige Kopfrechnen noch gepflegt.
2. Der Gebrauch des Rechenstabs bringt zweifellos eine wesentliche Arbeitserleichterung und eine große Zeitverkürzung ein.
3. Die praktische Erfahrung hat gelehrt, dass der Rechenschieber in den allermeisten Fällen hinsichtlich der erzielten Ziffern vollkommen ausreicht. Es wird sogar ein überflüssiger Ballast von vornherein vermieden.
4. Wo die Genauigkeit des Rechenstabs wirklich einmal nicht genügt, hat man immer noch ein wertvolles Kontrollinstrument in der Hand, das vom sonstigen Rechnen unabhängig ist.
5. Der Rechenstab bewährt sich ausgezeichnet bei der Lösung von Serienaufgaben, bei denen man nach geschickter Umformung oft mit einer Einstellung der Zunge auskommt und nur den Läufer über die Zahlen gleiten zu lassen braucht."

Soweit eine der damaligen Standardeinführungen zum Erlernen eines umfassenden, sinnvollen Umgangs mit dem Rechenstab, eine Einführung, die mir zum Einsatz des Rechenstabs in meinem Unterricht viele wertvolle Anregungen gegeben hat.

Als junger Lehrer im Ruhrgebiet erhielt ich Anfang der 70er Jahre die Chance, an einer aus einer Lehrerfortbildung entstandenen Arbeitsgemeinschaft teilzunehmen, und dort über Möglichkeiten zum Rechnereinsatz im Mathematikunterricht nachzudenken. In den Tagungen zunächst in Recklinghausen und später am neuen Rechenzentrum der Universität Münster ging es zunächst um eine Zusammenstellung von Algorithmen der Schulmathematik, später um deren Programmierung. Es entstanden Fortran-Programme, die auf Lochkarten abgespeichert und dann vom Zentralrechner der Universität Münster abgearbeitet wurden. Bei Leo Klingen, ebenfalls Mitglied dieses Arbeitskreises, finde ich in Klingen (1981) einige dieser Algorithmen wieder. Mein Wechsel aus dem Ruhrgebiet nach Oldenburg beendete die Mitgliedschaft im Arbeitskreis. Andere Aufgaben (realistische Umsetzung der „Neuen Mathematik", Konsolidierung des Unterrichts in Mathematik und Physik, Durchführung der Reform der gymnasialen Oberstufe) an der neuen Schule erforderten meinen Einsatz. Geblieben sind die erarbeiteten Algorithmen, die wichtige Elemente meines weiteren Mathematikunterrichts wurden.

Als ich Mitte der 70er Jahre mit meinem ersten Taschenrechner, einem HP mit Abarbeiten der Terme in umgekehrter polnischer Notation, in den Unterricht ging, brach eine interessante Übergangszeit an. Meine Schülerinnen arbeiteten alle mit dem Rechenstab. Das wertvolle Kon-

trollinstrument war nun nicht mehr wie im obigen Zitat von Stender/Schuchardt der Rechenstab oder die eigene Rechnung, auch nicht das Ergebnis der am sorgfältigsten arbeitenden Schülerin noch die vom Lehrer angegebene Lösung, sondern die Anzeige meines Taschenrechners. Bei den Lernenden setzte ein Wetteifern ein, dem Rechnerergebnis möglichst nahe zu kommen. Hier konnte ich schon ein wenig erahnen, welche Möglichkeiten sich dem Mathematikunterricht eröffnen könnten, wenn erst alle Lernenden einen eigenen Rechner besitzen, wenn ein mehr individualisiertes Unterrichten möglich wurde. Damals war es realistischer, Taschenrechner in den MU zu integrieren statt der damals angebotenen Computer. So war es für mich als Lehrer schon ein Quantensprung, als der TI-30 als Quelle Privileg nur noch 140 DM kostete und es mir gelang, in meinem Mathematik-Leistungskurs Ende der 70er Jahre alle Teilnehmer zur Anschaffung solch eines Rechners zu bewegen. Helmut Sieber fasste in Sieber (1978) die Erwartungen an den Einsatz des elektronischen Taschenrechners folgendermaßen zusammen :
„Elektronische Taschenrechner werden den mathematischen Unterricht auf allen Stufen in vielfältiger Weise verändern :
- Mit ihrer Hilfe lassen sich im herkömmlichen Unterricht viele Probleme numerisch durchrechnen, die seither wegen ihres Rechenaufwands nur in unzureichender Weise behandelt werden konnten. Sie sind
- geeignet, neue methodisch-didaktische Zugänge für alte Unterrichtsinhalte zu gewinnen.
- Ihre Verwendung wird die Curricula stark beeinflussen. Die Unterrichtsziele werden sich wandeln, wenn Rechenalgorithmen auch in der Schule den Platz einnehmen, der ihnen theoretisch und praktisch in der Mathematik und allen ihren Anwendungen zukommt."

Sieber prognostiziert eine praktische Realisierung der ersten These unmittelbar nach Beginn der Taschenrechnernutzung, während seiner Meinung nach die beiden letzten Thesen erst sorgfältig durchdacht werden müssen, bevor sie sich im Schulunterricht auswirken können. Als dann an meiner Schule wissenschaftliche Taschenrechner zuerst in Klasse 10, später dann in Klasse 9 für alle Schülerinnen und Schüler eingeführt wurden, konnte ich eine Reihe von Wünschen realisieren, die sich bei mir inzwischen angestaut hatten, und wenig später dann als Fachberater für Mathematik die Thesen von Sieber in einem großen Regierungsbezirk in der Unterrichtsrealität überprüfen.

Mit dem Einsatz des wissenschaftlichen Taschenrechners wurden Logarithmentafeln und andere Tafelwerke über tabellierte Funktionen (Quadrate, Kuben, Logarithmus-, Exponential- und trigonometrische Funktionen) entbehrlich, ebenso ein Unterricht über den Einsatz dieser Hilfsmittel einschließlich von Kenntnissen und Fertigkeiten über die Interpolation bei Zwischenwerten. Auf Knopfdruck wurden Tafelwerte in einer bis dahin nicht gekannten Genauigkeit und Schnelligkeit erzeugt. Der Sinussatz war ein Paradebeispiel für die Vorteile des Rechenstabeinsatzes ganz im Sinne des Zitats von Stender/Schuchardt. Eine Einstellung der Grundskala (Länge einer Dreieckseite) über der Sinus-Skala (gegenüberliegender Winkel) sowie eine Verschiebung des Läufers auf die dritte gegebene Größe und die fehlende Größe (Winkelmaß, Seitenlänge) waren einfach zu ermitteln. Demgegenüber fristete der Kosinussatz damals ein Schattendasein. Wegen der Additionen und Subtraktionen mussten Zwischenschritte per Hand erledigt werden und auch logarithmisches Rechnen war ähnlich umständlich, so dass sich die gesamte Rechnung mit Hilfe des Rechenstabs oder sogar händisch als sehr sperrig und fehleranfällig erwies. Mit Einführung des wissenschaftlichen Taschenrechners konnten nun Anwendungen, die den Kosinussatz erforderten, problemlos unterrichtet werden. Die Trigonometrie wurde auf interessante Vermessungsaufgaben hin erweitert. Kenntnisse über den Zusammenhang der trigonometrischen Funktionen, die Reduktion beliebiger Winkel auf

Winkel zwischen 0° und 90°, die besondere Behandlung kleiner und großer Winkel sowie die Additionstheoreme, all das wurde früher zum verständigen Umgang mit Tabellenwerken, zur Interpolation und zur Rechnung mit dem Rechenstab benötigt. Vieles davon erwies sich nun als entbehrlich, der Unterricht konnte auf mathematisch Wesentliches reduziert werden. Unter dem Schlagwort „Kein Lernen auf Vorrat" verschwanden die Additionstheoreme aus dem verpflichtenden Kanon für Jahrgangsstufe 10. Eine Erarbeitung sollte erst dann erfolgen, wenn Sachprobleme in der gymnasialen Oberstufe ihre Kenntnis erforderten. Kein Wunder, dass die Mathematiker auch in der Oberstufe meist einen Bogen um die Additionstheoreme wie auch generell um trigonometrische Funktionen machten, gab es doch genügend andere interessante Probleme, so dass die Physiklehrer bei der Behandlung der Überlagerung von Schwingungen und bei der Wechselstromlehre allein gelassen wurden und die Trigonometrie mühsam selber erweitern mussten. Wer erinnert sich noch an die Begriffe Mantisse und Kennzahl beim logarithmischen Rechnen, sowie wann man statt 0.3010 besser mit 9.3010 - 10 rechnen musste ? Der Unterricht in Klasse 10 wurde um eine Reihe von bis dahin für unverzichtbar gehaltenen Inhalten, Fähigkeiten und Fertigkeiten erleichtert, und das, bevor das Wort „Stofffülle" als Erklärung für so manche Änderung von offiziellen Richtlinien wie auch von Anstaltslehrplänen herhalten musste. Neben neuen Aufgabenstellungen zu trigonometrischen Funktionen wurde eine Konzentration auf mathematisch Wesentliches bei Exponential- und Logarithmusfunktionen verbunden mit einer vertieften Behandlung von Wachstumsproblemen möglich.

Die endgültige Integration der Stochastik in den Mathematikunterricht gelang dank immer leistungsfähiger werdender wissenschaftlicher Taschenrechner. Es begann in der gymnasialen Oberstufe, wo damals eine Konzentration auf nur 2 Gebiete vorherrschend war und die Kombination Analysis und Analytische Geometrie dominierte. Nur etwa höchstens 5 % der Aufgaben im damals noch dezentralen Abitur waren Stochastikaufgaben, jedenfalls in dem Bereich, den ich als Fachberater überschaute. Die positiven Erfahrungen einiger Pioniere mit einer schulgerechten Elementarisierung der Stochastik führten dazu, dass die Themenkreise „Daten/beschreibende Statistik", „Prognosen", „Baumdiagramme", „Vierfeldertafel", „Testen nach Bayes" und „Binomialverteilung" inzwischen in die Klassen 5 bis 10 verlagert werden können. Heute ist Stochastik auf dem Gymnasium verpflichtend für alle Lernenden bis hin zum Abitur und wird dort als drittes Gebiet abgeprüft. Aber ist sie auch gleichberechtigt neben den bisherigen traditionellen Oberstufengebieten, auch was die Fähigkeiten und Kenntnisse der Lehrenden angeht ? Mein begründeter Eindruck ist, dass hier auch heute noch sehr viel Nachholbedarf an Lehreraus-, -fort- und -weiterbildung besteht.

Für den Stochastikunterricht gilt : Ohne elektronische Hilfsmittel ist ein Unterricht im heutigen Umfang, in der inzwischen möglichen Intensität und mit interessanten – und auch Lernende interessierende ! - Anwendungsproblemen nicht denkbar. Im Einstieg kann der Taschenrechner, der einfache wie auch der wissenschaftliche, kaum eingesetzt werden, ein Unterricht zum Lehrplanelement „Daten" wird damit nur sehr unbefriedigend unterstützt. Der Weg, über Simulationen den Zusammenhang und das Zusammenspiel zwischen relativen Häufigkeiten und Wahrscheinlichkeiten aufzuzeigen, konnte am PC zwar dargestellt werden, blieb aber für Schüleraktivitäten mit eigenen Geräten immer noch ein Wunschgedanke, wenn nur Taschenrechner zur Verfügung standen. Erst eine dynamische Statistikanalyse- und Stochastiksoftware wie zum Beispiel Fathom 2, auf welchem elektronischen Medium auch immer implementiert, ermöglicht Schülern Interaktionsmöglichkeiten in allen Gebieten der Schulstochastik.

Zur Berechnung von Wahrscheinlichkeiten in den Modellen der Binomial- und der Normalverteilung wurden anfangs weiterhin Tabellenwerke benötigt. Aufgabenstellungen im Modell der

Binomialverteilung hatten sich auf gängige Werte für die Gesamtzahl n an Versuchen zu beschränken, nämlich auf die n, für die es Tabellen gab. Zuletzt hatten die wissenschaftlichen Rechner, die in meinem Unterricht eingesetzt wurden, wie zum Beispiel der Sharp EL-531 LH, zwar Möglichkeiten zur direkten Berechnung von Fakultäten, Binomialkoeffizienten und der Anzahl an Permutationen, aber die Einschränkung auf n < 70 ließ nur wenige realistische Aufgaben mit nicht-tabellierten Werten zu.

Die Hoffnung von Sieber auf neue methodisch-didaktische Zugänge durch den Taschenrechner zu alten Themen und auf Änderung der Curricula erfüllte sich nach meiner Beobachtung in der Praxis nicht, auch nicht als endlich die wissenschaftlichen Taschenrechner mit immer mehr Funktionen ausgestattet wurden. Der Unterricht blieb auf die oben angegebenen Änderungen im Wesentlichen beschränkt. Aber auch Schulbücher setzten keine weiteren Impulse. Diese Feststellung können auch wenige Einzelbeispiele, die vor allem nach Einführung von programmierbaren wissenschaftlichen Taschenrechnern deutlich wurden, nicht relativieren. Wer sich für didaktisch-methodische Neuerungen durch Rechner interessierte, richtete damals seine Aufmerksamkeit mehr auf den Computer. Der wissenschaftliche Taschenrechner und auch der Taschencomputer wurden eher als vorläufiger Notbehelf angesehen. Das algorithmische Arbeiten beanspruchten die Informatiker an der Schule, oder es wurde ihnen von den Mathematikern einfach abgetreten.

Das Blatt wendete sich langsam, als ich Anfang der 90er Jahre meinen ersten graphikfähigen Taschenrechner, einen TI-82, bekam, vor allem als dann dieser Typ an meiner Schule als Taschenrechner für alle Lernenden ab Klasse 9 verbindlich eingeführt wurde, auch wenn diese Einführung sehr viel Überzeugungsarbeit gegenüber den Eltern, aber auch gegenüber Lehrenden anderer Fächer erforderte, und so manche Einwendung mühsam überwunden werden musste. Alles Hindernisse, die heute nur noch schwer vorstellbar sind. Schnell stellte sich für mich heraus, dass dieser Rechner den Unterricht enorm bereichern konnte, wenn er richtig eingesetzt wurde, und neue Möglichkeiten ganz im Sinne des Sieberschen Zitats eröffnete, dass jedoch einige wichtige Standardroutinen fehlten : Für das Lösen von linearen Gleichungssystemen und für das Berechnen von Wahrscheinlichkeiten (Einzel- und Bereichswahrscheinlichkeiten) im Modell der Binomialverteilung waren Zusatzprogramme erforderlich, und auch für die Statistik/Datenanalyse war er viel zu spartanisch eingerichtet. Programme mussten selbst erstellt werden, die öffentlich erhältlichen erwiesen sich für die praktische Arbeit als unzureichend. Am Beispiel der Kurvendiskussion in der Analysis wurde schnell deutlich, dass bei Einsatz von graphikfähigen Taschenrechnern umgedacht werden musste. Bei der Kurvendiskussion in traditioneller Sicht sollte der Funktionsgraph als krönender Abschluss aus den Ergebnissen der Kurvendiskussion konsequent unter Benutzung weniger Stützstellen entwickelt und gefolgert werden. Wie ich als Fachberater an den mir zugeschickten Abiturarbeiten feststellen konnte, gelang dies in zunehmendem Maße immer weniger Lernenden, in manchen Lerngruppen niemandem. Am Ende der Kurvendiskussion wurde immer häufiger eine umfangreiche Wertetabelle mit Taschenrechnerhilfe erstellt, die Punkt für Punkt in ein Koordinatensystem übertragen wurde, wobei dann der Graph unabhängig von den Ergebnissen der Kurvendiskussion und manchmal auch im Widerspruch dazu durch bloßes Verbinden dieser Punkte gezeichnet wurde. Wenn in anderen Aufgabenstellungen bei Anwendungsproblemen Eigenschaften von Graphen erschlossen werden sollten, die man einfach aus Definitionen und Vorstellungen erschließen konnte, bei denen das Aneinanderreihen von angedrillten Routinen nicht rein mechanisch zum Ziel führte, wurden überdies deutliche Schwächen erkennbar. Auch das ein Hinweis auf eine dringend erforderliche Korrektur der Blickrichtung und der Unterrichtsgestaltung. Eine Kurvendiskussion kam in jeder Analysis-Standardaufgabe vor, im damals noch dezentralen Abitur in wenigstens einer, manchmal sogar in zwei Aufgaben eines Aufgabenvorschlags. Daher machte das bekannte Wort von Hans Schupp aus Hischer (1994) : „Der Computer zwingt uns zum Nachdenken über Dinge, über die wir auch ohne Computer längst hätten nachdenken müssen." alle Lehrenden betroffen, die einen Analysisunterricht mit einem zumindest graphikfähigen Taschenrechner durchführen wollten; denn beim graphikfähigen Taschenrechner ist der Graph – ebenso wie eine Wertetafel - auf Knopfdruck da und kann mit dem Cursor einfach durchlaufen und auf seine Eigenschaften hin betrachtet werden. Eine Kurvendiskussion nach altem Schema macht mit solch einem Hilfsmittel überhaupt keinen Sinn mehr.

Inzwischen hatten die Taschenrechnerhersteller den Markt Schule, den sie anfangs eher stiefmütterlich bedacht hatten, entdeckt, vor allem, dass sie Programme, die sich am PC als schultauglich erwiesen hatten, auch auf ihren Produkten einsetzen konnten. So wie am PC das Betriebssystem Windows das alte DOS abgelöst und neue Möglichkeiten eröffnet hatte, setzten nun die graphikfähigen Taschenrechner diese Entwicklung fort, vor allem, als Computeralgebra-Systeme nun auch auf Taschencomputern implementiert wurden. Die Frage : „Wie viele Termumformungen braucht der Mensch ?" war nun häufig zu hören und zu lesen. Schließlich können CAS-Rechner Terme in äquivalente auf Knopfdruck umformen, darüber hinaus im großen Umfang Ableitungen und Stammfunktionen symbolisch und nicht nur numerisch bilden. Die Empfehlungen (1997) beschreiben die neue Situation im Mathematikunterricht in ihrer Einleitung so : „Gegenwärtig wächst die Verunsicherung bezüglich tradierter Inhalte und Methoden des Mathematikunterrichts im Gymnasium. Zum einen besteht vielfach ein Widerspruch zwischen Zielen und Ergebnissen, zum anderen stellt sich das Problem einer neuerlichen Standortbestimmung, seitdem leicht transportierbare und finanziell erschwingliche Taschencomputer mit neuartigen Möglichkeiten auf dem Markt sind. Darüber hinaus stellt die internationale Untersuchung TIMSS in Frage, ob der herkömmliche Mathematikunterricht die ihm nachgesagten Qualitäten besitzt." Nun endlich - und PISA hat dies noch verstärkt - wurde im Sinne der Sieberschen Prognosen im breiten Umfang über den Mathematikunterricht und den Einsatz der neuen Hilfsmittel nachgedacht und auch Ergebnisse aus der Praxis in die Praxis hineingetragen. 1985 hatte ein entsprechender Impuls zur Neuorientierung des Mathematikunterrichts noch nicht gezündet (vgl. Bestandsaufnahme (1985)). Oder waren damals die Vorschläge nach dem Regierungswechsel in Niedersachsen politisch nicht mehr opportun ? Inzwischen haben aber das Zentralabitur, die Tatsache, dass zu den traditionellen Abiturgebieten die Stochastik inzwischen zumindest formal gleichberechtigt hinzugekommen ist, und der CAS-Taschencomputer zu Änderungen im Unterricht wie in der Aufgabenstellung geführt.

Jahrelang war der TI-83 Plus für mich der Referenzrechner für einen Unterricht ohne CA-System. Er erfüllte viele Wünsche, vor allem, weil er die oben beschriebenen Mängel des TI-82 nicht mehr hatte, und mir vor allem in der Stochastik neue Möglichkeiten erschloss. In Wirths (1998), (2004), (2005) und (2005a) habe ich darüber geschrieben. Vergleicht man meine Veröffentlichungen aus den 90er Jahren mit den eben genannten, dann fällt auf, dass jeder gelungene Taschenrechnereinsatz bei einem gelösten Problem neue Wünsche erzeugte, die die aktuelle Technik noch nicht erfüllen kann, aber auch, dass die Taschenrechnerentwicklung im Laufe der Zeit einige dieser Wünsche realisieren half. Beim TI-83 Plus und später beim schnelleren TI-84 Plus konnte ich auf zusätzliche Stochastik-Tabellen verzichten. Ein leistungsfähiger Rechner plus Formelsammlung, das wurde die neue Standardausstattung an Hilfsmitteln für Lernende im Mathematikunterricht, wenn man auf CA-Systeme verzichten wollte oder aber musste, weil deren Anschaffung aus welchen Gründen auch immer blockiert wurde.

In der Lehrerausbildung wurde der Voyage 200 mein bevorzugter Taschencomputer. Er enthält mit dem CA-System, der Excel kompatiblem Tabellenkalkulation, dem Modul für dynamische Geometrie und dem Statistik-Modul die Programme, die sich bereits am PC bewährt hatten, und für einen lebendigen Mathematikunterricht vielfältige Möglichkeiten eröffnen. Mit ihm konnte ich endlich weitere langgehegte Wünsche realisieren. Zu einen die Sicherheitswahrscheinlichkeiten für ein Konfidenzintervall im Modell einer Binomialverteilung zu berechnen und zu zeichnen, und das, ohne dass es im Unterricht zu Verzögerungen oder langen Wartezeiten kommt. Dies gelingt auch mit dem TI-84 Plus und dem TI-89 Titanium, während die anderen Rechner dafür viel zu langsam waren, oder es nicht konnten. Zum anderen stellen beim Alternativtest nach Bayes von einer festen gegen eine variable Wahrscheinlichkeit die neuen Rechner den Graphen und die Wertetabelle so zügig dar, dass Interpretationen, Diskussionen und gegebenenfalls auch Abänderungen der Modellierung ohne lange Wartezeiten in den Unterrichtsgang eingebaut werden können. Auch das CA-System wurde im Laufe der Jahre leistungsfähiger und konnte ab Betriebssystem 3.1 beim Voyage 200 endlich auch etwas komplexere Wurzelgleichungen und -ungleichungen algebraisch (vgl. Wirths (2019)) lösen, die vorher nur graphisch lösbar waren. Und wer mit einer Software für dynamische interaktive Statistik wie Fathom 2 oder Tinkerplots am PC vor allem bei Simulationen und in der EDA gearbeitet und interessante Lernprozesse damit begleitet hatte, der möchte solch eine Software auch in Taschencomputern, die Lernende einsetzen, nicht mehr missen. Inzwischen hat der TI-Nspire die Nachfolge des bewährten Voyage 200 angetreten und enthält auch solche Routinen.

Die Feststellungen von Stender/Schuchardt (1967) sind für mich zeitlos modern und können auf die neuen Hilfsmittel übertragen werden. Man muss nur von den Besonderheiten des Rechenstabs abstrahieren und entsprechend auf das neue Hilfsmittel Taschencomputer übertragen. Diese Feststellungen machen aber auch auf heutige Probleme aufmerksam :
- Wie viel Kopfrechnen benötigt der Mensch ? Wie kann das erforderliche Minimum (was und wie umfangreich auch immer das sein mag) weiterhin gepflegt werden ? (Punkt 1).
- Wie viele Terme braucht der Mensch ? Welche Umformungen müssen Lernende heute noch beherrschen und welche können wir getrost dem CAS-Rechner überlassen ? (Punkt 1)
- Wie werden wir mit dem überflüssigen Ballast an Ziffern fertig, den die heutigen Rechner produzieren ? (Punkt 3)
- Es gibt unter den für einen modernen Unterricht vorgeschlagenen Aufgaben viele, bei denen der Rechner das einzige Mittel zur Lösung ist und Rechnen als davon unabhängige Kontrollinstanz nicht mehr möglich ist. Vertrauen ist gut, Kontrolle aber besser. Nach diesem Motto können wir dann leider nicht mehr immer verfahren. (Punkt 4)

Zum Abschluss ein Wort von Prof. Dr. Alwin Walther, der damaligen deutschen Autorität zum Einsatz des Rechenstabs : „Um vom Rechenstab vollen Gewinn zu haben, genügt es nicht, ihn, wie üblich, zur Multiplikation, Division und Quadratwurzelziehung anzuwenden, man muss vielmehr alle in ihm liegenden Möglichkeiten, an denen er schier unerschöpflich ist, ausbeuten." (zitiert nach Stender/Schuchardt (1967, S. III) Ersetzen wir „Rechenstab" durch „Taschencomputer" oder elektronisches Hilfsmittel, dann ist dieses Wort auch heute noch aktuell und soll als Leitidee für dieses Buch und selbstverständlich auch für einen lebendigen Mathematikunterricht mit diesem Hilfsmittel dienen.

1.2 Zur Rechnerwahl

Inzwischen haben wir die Qual der Wahl bei den ernst zu nehmenden elektronischen Hilfsmitteln (Taschencomputer, Tablet, Notebook, PC). Lösungen, Hardware wie Software, von denen ich schon in den 70er Jahren des vorigen Jahrhunderts geträumt habe, sind Realität geworden, und darüber hinaus noch so einiges mehr, an das ich damals noch nicht gedacht habe oder nicht zu denken wagte. Bekanntlich kommt der Appetit ja immer beim Essen. Die elektronischen Hilfsmittel, die wir heute im Mathematikunterricht einsetzen, müssen einen gewissen Mindeststandard haben, für mich sind unverzichtbar Graphikfähigkeit, ein leistungsfähiges Computeralgebra-System, Software für dynamische Geometrie, Software für dynamische/interaktive Stochastik (vergleichbar mit Fathom 2 oder Tinkerplots für den PC) sowie ein Tabellenkalkulationsprogramm kompatibel zur Standardtabellenkalkulation. Hier sollten wir auch keine Abstriche mehr machen. Ob das aber alles in einem Gerät installiert sein muss, ist eine offene Frage. Viele Kolleginnen und Kollegen möchten vor allem dynamische Geometrie, Tabellenkalkulationen oder auch interaktive Statistik lieber an einem Computer mit großem Monitor betreiben. Dies ist eine attraktive Lösung, falls alle Lernenden über solch ein Gerät verfügen. Der Computerraum der Schule ist nur eine Notlösung, selbst dann, wenn er problemlos zur Verfügung steht, und höchstens zwei Lernende einen Computer gemeinsam nutzen. Da solch eine problemlose Nutzung wegen der Fülle von Nutzungsansprüchen anderer Fächer aber häufig schwierig bis gar nicht zu realisieren ist, die Arbeit am Computer selbst mit zwei Nutzern auch keine Ideallösung ist, stellt der Geometrieunterricht, die Arbeit mit einer Tabellenkalkulation, Simulationen sowie interaktive Statistik mit einem eigenen Taschencomputer, einem eigenen Tablet oder einem eigenem Notebook, die alle über eine gleichartige Software-Ausstattung verfügen, eine gute Alternative und nicht nur eine Notlösung dar, jedenfalls viel erstrebenswerter als ein Unterricht ohne leistungsfähiges elektronisches Hilfsmittel.

1.3 Was elektronische Hilfsmittel unbedingt können müssen

Natürlich sollten alle Funktionen, die ein gut ausgestatteter wissenschaftlicher Taschenrechner auch besitzt, vorhanden sein und darüber hinaus vor allem

- Daten abspeichern in Listen, Listen sortieren, Listen kopieren, Listen benennen,
- mit selbst definierten Funktionen/Folgen arbeiten können,
- eine Vielfalt von graphischen Darstellungen anbieten (Funktionsplot, Kurven in Parameterdarstellung, Histogramm, Minimum-Maximum-Boxplot, Boxplot mit Ausreisserkennzeichnung, Stängel-Blätter-Diagramm)
- mindestens 4 Regressionsmodule (lineare Funktion, Exponentialfunktion, Potenzfunktion, quadratische Funktion)
- dynamische Geometriesoftware
- dynamische interaktive Statistiksoftware
- leistungsfähige Computer-Algebra : Beispiel :
  Diese Ungleichung $| 1850 - 7324 \cdot p | \leq 2{,}58 \cdot \sqrt{7324 \cdot p \cdot (1 - p)}$ sowohl algebraisch und auch geometrisch nach p auflösen können.
- Tabellenkalkulation kompatibel zum Standard
- Matrizenoperationen (Eingabe, Addition/Subtraktion, Produkt, Potenz, Invertieren, Diagonalenform, Determinante, Matrix-Vektor-Produkt)
- schnelle Simulationen wie es sie zum Beispiel bei Fathom 2 gibt
- exakte und schnelle Berechnung von Einzel und Bereichs-Wahrscheinlichkeiten im Modell der Binomialverteilung und nicht als Näherung im Modell der Normalverteilung, auch für große n. Es ist $P(X \leq 1\,823\,555)$ mit $p = 0{,}514$ und $n = 3\,554\,119$ exakt $2{,}6857 \cdot 10^{-4}$, wobei es mir darauf ankommt, dass das elektronische Hilfsmittel diese Wahrscheinlichkeit exakt und schnell, aber nicht als Näherung im Modell der Normalverteilung berechnet, eine Art Qualitätsbeweis für die Nutzung hochaktueller Rechenmethoden.

- die üblichen schulrelevanten Routinen für Analysis und Analytische Geometrie. Aber da waren CA-Systeme im Gegensatz zur Stochastik von Anfang an nicht schlecht ausgerüstet.

Das elektronische Hilfsmittel soll in meinem Unterricht die Rolle eines Assistenten einnehmen, der den Lernenden und mir aufwändige Arbeit (z. B. Simulationen generieren, Daten auswerten, Graphiken erstellen, komplexe Rechnungen ausführen) abnimmt und Hilfen für Entscheidungen gibt. Wer schon einmal erlebt hat, wie ein kunstvoll aufgebauter Spannungsbogen nur deshalb abbrach, weil der Assistent viel zu lange für ein für den Lernprozess wichtiges (Zwischen)-Ergebnis brauchte, wird mein Votum für einen schnellen leistungsfähigen Rechner nachvollziehen können. Es geht mir nicht darum, dass irgendein Rechner dieser Welt das Problem löst, das wir uns als Team gestellt haben, das wir lösen wollen, sondern dass wir es selber mit den uns zur Verfügung stehenden Mitteln in angemessener Zeit lösen können, ohne dass ein lebendiger Lernprozess gestört, unterbrochen oder sogar vor dem Ende abgebrochen wird.

Bei einigen Aufgaben dieses Buches wird verdeutlich, welche Leistungsfähigkeit im einzelnen vorausgesetzt wird, wenn elektronische Hilfsmittel neue Impulse im Unterricht liefern und ein stärker individualisiertes Lernen unterstützen sollen.

1.4 Methodik

Die Beispiele in den Kapiteln 2 bis 8 sind in der Regel nach folgendem Schema aufgebaut (Ausnahmen werden in den einzelnen Abschnitten begründet) :

1. Aufgabenstellung ggfs. mit besonderen Hinweisen
2. Lösung der Probleme in der Sprache der Mathematik oder Angabe eines Lösungswegs, so dass schon hier die Einsatzmöglichkeiten des Hilfsmittels zu erkennen sind.
3. Angabe, was das elektronische Hilfsmittel leisten muss, und wie die Aufgabe damit gelöst werden soll.

Dieses Vorgehen hat sich bewährt. Bei der Lösung der Probleme im Punkt 2 soll am Ende ein auf das Wesentliche konzentrierter Weg mit möglichst elementaren mathematischen Mitteln Ziel der Darstellung sein. Mit zunehmender Erfahrung im Einsatz des Taschencomputers wird der Anwender schon in dieser Phase Einsatzmöglichkeiten für den Taschencomputer erkennen. Hier wird es dann darum gehen, die Einsatzmöglichkeiten für die Computeralgebra wie auch für die graphischen Darstellungsmöglichkeiten einschätzen zu lernen. Sowohl die Computeralgebra als auch die Graphikfähigkeit eröffnen neue Möglichkeiten, die im traditionellen Mathematikunterricht bisher zu kurz gekommen sind oder gar nicht realisiert werden konnten. Gleichungen und Ungleichungen graphisch darzustellen, sie abzutasten und Lösungen daran zu entwickeln, die bisher nur algebraisch erzielt wurden, oder die bisher schulisch nicht gelöst werden konnten, das sind ganz neue Herausforderungen. Ganz neue Sichtweisen eröffnen sich. Anwender werden hoffentlich immer mehr ein Fingerspitzengefühl dafür entwickeln, welcher Term oder welche Gleichung/Ungleichung sich für eine Visualisierung lohnt. Wenn Schulbücher früher Kapitel zum graphischen Lösen von Gleichungen oder Gleichungssystemen enthielten, dann wurde dies in der Praxis mit dem Argument übergangen, dass graphische Darstellungen zu sehr fehlerbehaftet und daher zu ungenau seien, und es sich nicht lohne, Zeit für ungenaues Arbeiten und ungenaue Ergebnisse zu opfern. Daher wurden algebraische Verfahren bevorzugt und eingeübt. Elektronische Hilfsmittel arbeiten jedoch so genau, dass diese Argumentation nicht mehr aufrecht erhalten werden kann. Außerdem erledigen die im Taschencomputer eingebauten Näherungsroutinen viele Rechnungen, auch dann, wenn es keine geschlossene algebraische Auflösung für Gleichungen/Ungleichungen mehr gibt. Früher bin ich im 3. Teil sehr detailliert auf die Umsetzung in die Möglichkeiten des jeweils aktuellen

Taschencomputers eingegangen. In diesem Buch möchte ich möglichst rechnerunabhängig darstellen, was das Hilfsmittel leisten soll. Jeder Lesende kann dann nach der mathematischen Vorbereitung und den Ausführungen des 3. Teils die Umsetzung auf sein eigenes Gerät selbständig organisieren.

1.5 Übersicht über die bei den einzelnen Aufgaben der Kapitel 2 bis 8 benötigten Tätigkeiten :

Aufgabe	CA	Gr	St	Dat	Mat	Reg	Tab	TK	DG	KU
2.2 Weitsprung		X	X	X						
2.3 Pkw aus Italien und USA		X	X	X		X				X
2.4 Messreihen	X	X		X		X				
3.2 Klassische Probleme	X	X					X			
3.3 Überbuchung	X	X	X					X		
3.4 Würfelraten								X		
3.5 Gregor Mendel	X	X	X				X			
4.2 Im Koordinatensystem		X		X						
4.3 Terme	X	X								
4.4 Springbrunnen	X	X					X			
5.2 Ortslinien am Dreieck									X	X
5.3 Ein Achteck									X	X
5.4 Der größte Sehwinkel									X	
6.2 Das Heron-Verfahren	X									
6.3 Der schnellste Weg	X	X								
6.4 Modellierung Wasserglas	X	X			X					
7.2 windschiefe Geraden	X				X					
7.3 Achsenspiegelung	X				X					
7.4 Abstände	X	X			X					
8.2 Kaufverhalten					X					
8.3 Verflechtungsmatrizen					X					
8.4 Abbildungsmatrizen		X		X	X					

Die Abkürzungen bedeuten :

CA : Computer-Algebra   Gr : Graphik
St : Statistik   Dat : Daten/Listen
Mat : Matrizen   Reg : Regression
Tab : Wertetafeln   TK : Tabellenkalkulation
DG : Dynamische Geometrie-Software   KU : Kopieren/Umbenennen von Dateien

2. Aufgaben zur Datenanalyse

2.1 Einleitung

In den Büchern Wirths (2019) und Wirths (2020)) werden unter anderem auch Unterrichtsreihen zur Datenanalyse vorgestellt, in denen Ergebnisse des Rechnereinsatzes dokumentiert werden. Hier wird eine dynamische Software vergleichbar mit Fathom 2 oder Tinkerplots neue Möglichkeiten eröffnen, lebendigen Unterrichts zu gestalten. In diesem Kapitel müssen wir das in Abschnitt 1.3 beschriebene Vorgehen modifizieren. Wir geben die Daten in Listen ein und nutzen in der Regel von vornherein die Rechnerroutinen für statistische Kennzahlen und graphische Darstellungen.

2.2 Welche Klasse ist besser ?

Aufgabe (Weitsprung) : Die Klassen 7 a und 7 b machen einen Weitsprung-Wettbewerb und erzielen folgende Ergebnisse in Meter :

Klasse 7 a : 2,92; 3,60; 3,47; 3,50; 3,54; 3,06; 3,08; 3,12; 3,16; 3,18; 3,17; 3,23; 3,19; 3,16; 3,36; 3,42; 3,40; 3,38; 3,37; 3,39; 3,28; 3,27; 3,34; 3,35; 3,31; 3,32; 3,30; 3,33; 3,29

Klasse 7 b : 3,41; 3,40; 3,42; 3,39; 3,43; 3,41; 3,02; 3,80; 3,47; 3,47; 3,53; 3,55; 3,50; 3,12; 3,07; 3,70; 3,75; 3,25; 3,20; 3,17; 3,57; 3,62; 3,65; 3,35; 3,35; 3,29; 3,27; 3,32

a. Welche Klasse ist die „bessere" ?
b. Welche Klasse ist die „ausgeglichenere" ?
c. Welche Klasse hat die „stärkere Spitze" ?
d. In welcher Klasse ist eine Leistung von 3,50 m „mehr wert" ?

Lösungsskizzen zu a :
Meist wird der Vergleich der arithmetischen Mittelwerte der Sprungweiten als Kriterium genannt. In der 7 a ist das arithmetische Mittel 3,29 m, in 7 b ist es 3,41 m. Damit kann man sich begnügen und die 7 b als die bessere Klasse bezeichnen. Aber als Florian sein Unbehagen äußert, wird es interessant : „Wenn in die 7a ein Springer kommt, der erheblich weiter als alle anderen springt, kann sich unser Urteil ändern." Florian macht an einigen Beispielen klar, wie sich der arithmetische Mittelwert ändert, wenn wir einen besonders starken Springer (einen Ausreißer im Sinne der Statistik) hinzunehmen. Eines macht die Diskussion deutlich : Wenn wir die Daten nicht kennen, müssen wir beim Vergleich von arithmetischen Mittelwerten vorsichtig sein. Bei unseren Daten ist die Situation überschaubar, es gibt keinen Ausreißer. Die Diskussion hat als Nebenergebnis gebracht, dass der Median erheblich geringere Veränderungen erfährt als der arithmetische Mittelwert.

Die 5 Kennzahlen der explorativen Datenanalyse (EDA) machen es deutlicher :

Kennzahl	Karteikarte Nr. bei Klasse 7 a	Karteikarte Nr. bei Klasse 7 b
Minimum	1	1
1. Quartil Q_1	8	Mitte von Nr. 7 und Nr. 8
Median	15	Mitte von Nr. 14 und Nr. 15
3. Quartil Q_3	22	Mitte von Nr. 22 und Nr. 23
Maximum	29	28

Wir denken uns jede Sprungweite auf einer Karteikarte notiert. Für jede Klasse sortieren wir die Karteikarten aufsteigend nach immer größer werdender Sprungweite. In der Tabelle wurde angegeben, wie man die 5 statistische Kennzahlen (Minimum, 1. Quartil, Median, 3. Quartil, Maximum) in den beiden sortierten Karteikartenlisten ermitteln kann. Diese 5 Kennzahlen sind alle bei Klasse 7b größer als bei der 7a. Wer sich genauer über die Definition und Bestimmung der 5 Kennzahlen informieren will, dem sei Kapitel 1 in Wirths (2020) empfohlen.

Anne hat sich eine besonders interessante Lösung ausgedacht : Nach dem Sortieren der Listen fällt ihr auf, dass bei jedem Listenplatz der betreffende Schüler der 7 b besser ist als der auf dem gleichen Listenplatz befindliche aus der 7 a. Nur für den 29. Schüler der 7 a findet sich kein Vergleichspartner in der Parallelklasse. Anne hat die Sprungweiten aller Schüler der 7 a und die aller aus der 7 b addiert. Dabei stellte sie fest, dass die gesamte Sprungweite aller 28 Schüler der 7 b nur um 1 cm kürzer ist als die der 29 Schüler der 7a. Daraus folgert sie, dass die 7b nur irgendeinen Schüler für den 29. Sprung nominieren muss. Dieser Schüler braucht nur einen kleinen Schritt zu machen, um die Gesamtsprungweite der 7 a zu übertreffen. Daher ist für sie klar, dass im Weitsprung die 7 b besser als die 7 a ist.

Annes Idee, die Sprungweiten zu addieren, kann man gut ausnutzen, um die beiden Aspekte zum arithmetischen Mittelwert zu verdeutlichen :
- Die Verteilung der Gesamtsprungweite auf 28 (bzw. für die 7 a auf 29) gleich große Teile führt zum arithmetischen Mittelwert und
- Die Summe der Abweichungen aller Sprungweiten vom arithmetischen Mittelwert ist Null.

Lernende müssen nicht nur den arithmetischen Mittelwerts berechnen können, sie müssen ihn auch veranschaulichen und wesentliche Eigenschaften damit verbinden können. Daher sollte man sich über jede sich bietende Gelegenheit freuen und zur Verankerung nutzen.

Lösungsskizzen zu b :
Lernende nennen meist als Kriterium für Ausgeglichenheit den Unterschied zwischen Maximum und Minimum. Sie meinen damit eine Größe, die in der Statistik Spannweite heißt, mit S bezeichnet und als S := Maximum - Minimum definiert wird. Für die 7a ist S = (3,60 - 2,92) m = 0,68 m, für die 7 b ist S = (3,80 - 3,02) m = 0,78 m. Nach diesem Kriterium wird man also Klasse 7 a als die ausgeglichenere der beiden Klassen bezeichnen. Aber Lernende können unter „ausgeglichen" auch etwas anderes verstehen, nämlich dass sich die Abweichungen ausgleichen. Wenn die Summe aller Abweichungen Null ergibt, dann liegt in diesem anderen Sinne ideale Ausgeglichenheit vor.

Lösungsskizzen zu c :
Zunächst muss man festlegen, ab welcher Sprungweite man von einer Spitzenleistung reden will. Setzen wir zum Beispiel 3,50 m als Grenze fest. In der Klasse 7a sind es 3 vom 29 Schülern, also rund 10 %, die diese Weite übersprungen haben, in der 7 b sind es 9 von 28, also rund 32 %. Sowohl absolut als auch relativ sind es in der 7 b mehr, sie hat also die stärkere Spitze.

Lösungsskizzen zu d :
Diese Frage ist schon in Aufgabe c beantwortet worden. In Klasse 7 a gibt es weniger Schüler als in der 7 b, die mindestens 3,50 m springen. In Klasse 7 a diese Sprungweite mehr wert.

Was das elektronische Hilfsmittel leisten muss :
Eingabe der Daten in zwei Listen, für jede Klasse eine Liste.

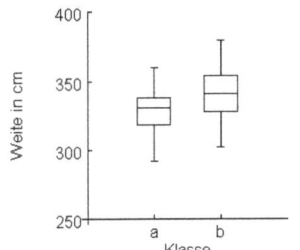

Lösung zu a : Wir zeichnen einen Minimum-Maximum-Boxplot für jede Klasse und lassen die uns interessierenden Statistikkennzahlen separat in einer Tabelle und auch durch Abtasten der Boxplots anzeigen.

Wer nicht warten will, bis Weitsprungdaten zur Verfügung stehen, kann Programme wie Fathom 2 oder Tinkerplots nutzen, um per Simulation Daten zu erzeugen. Mehr dazu in Kapitel 10. Bei fertigen Datensätzen können Änderungen vorgenommen werden, um die Auswirkung auf den Plot und die statistischen Kennzahlen, vor allem den arithmetischen Mittelwert und den Median, zu studieren. (leistungsfähiges interaktives Statistikmodul !)

Lösung für b, c und d:
Wir können wie in Aufgabe a das elektronische Hilfsmittel wie einen normalen Taschenrechner einsetzen und Spannweiten und Prozentsätze/Anteile berechnen.

2.3 Sind italienische Autos anders als PKW aus den USA ?

Marke	Typ	Land	A	B	C	D	E	F
Fiat	Cinquecento	I	889	29	710	21,4	140	6,1
Fiat	Punto 55 S	I	1108	40	857	16,5	150	6,5
Lancia	Y 1.2	I	1242	44	850	13,3	160	6,7
Alfa	145 1.4	I	1370	76	1135	11,2	185	7,9
Fiat	Brava 1.6	I	1581	76	1090	11,5	180	8,3
Alfa	145 1.6	I	1598	88	1192	10,2	195	8,2
Alfa	145 1.8	I	1747	103	1207	9,2	205	8,4
Lancia	Delta 1.8	I	1747	83	1255	10,3	195	8,6
Alfa	145 2.0	I	1970	110	1247	8,4	210	8,8
Lancia	Kappa 2.0	I	1998	114	1440	9,8	205	9,7
Lancia	Kappa 2.4	I	2446	129	1450	9,2	215	10,9
Maserati	Ghibli	I	2790	209	1365	6,0	260	16,6
Alfa	164	I	2959	132	1510	7,9	230	12,4
Lancia	Kappa 3.0	I	2995	150	1510	8,4	225	12,1
Maserati	Quattroporte	I	3217	247	1647	5,8	270	16,3
Ferrari	F 335	I	3496	280	1450	4,7	295	16,9
Ferrari	F 550	I	5474	357	1690	4,4	320	22,9
Lamborghini	Diablo	I	5707	390	1530	3,9	325	16,5
Chrysler	Stratus LE 2	USA	1996	98	1436	10,9	205	9,0
Chrysler	Stratus LX 2	USA	2497	120	1516	10,5	210	11,0
Chrysler	Voyager LE	USA	3301	116	1825	13,3	175	12,3
Chrysler	New Yorker	USA	3518	155	1735	12,8	200	12,8
Buick	Park Avenue	USA	3789	127	1698	9,9	191	9,0
Pontiac	Firebird	USA	3791	144	1656	12,5	201	11,8
Cadillac	Seville STS	USA	4565	224	1769	7,6	240	14,1
Chevrolet	Corvette	USA	5666	253	1471	11,7	254	11,7
Pontiac	Firebird Tra	USA	5733	198	1710	5,5	239	14,7
Chrysler	Viper GTS	USA	7990	302	1540	4,6	285	20,2

A : Hubraum in cm^3 B : Leistung in kW   C : Gewicht in kg

D : Zeit zum Beschleunigen von 0 km/h auf 100 km/h

E : Höchstgeschwindigkeit in km/h   F : Verbrauch in Liter pro 100 km

Anmerkung : Diese Daten sind schon einige Jahre alt. Es lohnt sich, aktuelle Daten zu beschaffen, und daran überprüfen, ob Unterschiede noch weiter bestehen, ob sie gleich geblieben, größer geworden sind oder sich vielleicht im Zeichen der Globalisierung sogar abgeschwächt haben. Wer mehr über solche Untersuchungen an und Auswertung von Autodaten wissen möchte, sei auf Kapitel 1 in Wirths (2020) verwiesen.

Lösung :

Wir denken uns die Merkmale A – F jedes einzelnen Typs auf einer Karteikarte notiert. Wenn wir für ein bestimmtes Merkmal die fünf Kennzahlen bestimmen wollen, dann sortieren wir die Karteikarten in Bezug auf dieses Merkmal, und zwar in aufsteigender Reihenfolge. Die fünf Kennzahlen der explorativen Datenanalyse finden wir dann auf den folgenden Karteikarten :

Kennzahl	Karteikarte Nr. bei Italien	Karteikarte Nr. bei USA
Minimum	1	1
1. Quartil Q_1	5	3
Median	Mitte von Nr. 9 und Nr. 10	Mitte von Nr. 5 und Nr. 6
3. Quartil Q_3	14	8
Maximum	18	10

Nun können wir Boxplots oder andere graphische Darstellungen per Hand zeichnen und auch weitere Kennzahlen bestimmen. Wir werden all das dem Taschencomputer überlassen und, falls gewünscht, die eine oder andere Kontrolle machen. Wir wollen hier zum einen die Daten für jedes einzelne Merkmal auswerten, zum anderen aber auch die Zuordnung Hubraum → Leistung untersuchen, alles für jedes Herstellungsland einzeln.

Wir können die Untersuchungen um einen interessanten Gesichtspunkt erweitern : In der Statistik gelten Daten, die kleiner als Q_1 - 1,5·R oder größer als Q_3 + 1,5·R sind, als mögliche Ausreißer. Dabei gilt R := Q_3 - Q_1. Oder noch schärfer : Daten, die kleiner als Q_1 - 3·R oder größer als Q_3 + 3·R sind, gelten als fast sichere Ausreißer. Und genau das kann bei diesen Autoplots interessant werden (siehe auch Kapitel 2 in Wirths (2019)).

Was das elektronische Hilfsmittel leisten muss :

Eingabe der Daten für jedes Merkmal in einer eigenen Liste. Kopieren der Dateien : Wir wollen die Listen sortieren, um die Bestimmung der fünf Kennzahlen besser nachvollziehen zu können. Dabei wird die Zuordnung von Hubraum zur Leistung verändert. Also dürfen wir nicht die Originallisten sortieren, da wir am Ende auch untersuchen wollen, ob wir eine mathematische Abhängigkeit von Hubraum und Leistung erkennen können. Also speichern wir jede Liste in einer neuen Liste ab, die wir dann sortieren können, lassen aber die alten Listen unangetastet. Wir haben mehr italienische Autos als Autos aus den USA gespeichert. Daher müssen wir jede Spalte einzeln sortieren. Wir ermitteln statistische Kennzahlen und erstellen Boxplots. Mit den Cursor-Tasten fahren wir sowohl von einem Boxplot zum nächsten als auch innerhalb des jeweiligen Plots zu den einzelnen Kennzahlen. Es müssen beide Boxplot-Typen, der einfache Minimum-Maximum-Boxplot wie auch ein Boxplot, in dem mögliche Ausreißer gekennzeichnet werden, erstellt werden können. Wir wollen am Ende auch zweidimensionale Statistik betreiben und den Zusammenhang zwischen Hubraum und Leistung untersuchen, stellen das Fenster für die xy-Graphik entsprechend ein und lassen den Graphen zeichnen. Wir haben den

Eindruck, dass beide Graphen durch je eine lineare Funktion einigermaßen gut approximiert werden können. Wir können diesen Eindruck dadurch verstärken, dass wir den Taschencomputer für beide Zusammenhänge je eine lineare Regressionsrechnung durchführen und die zugehörigen Graphen der linearen Funktionen zusätzlich einzeichnen lassen. Für die italienischen Pkw lautet die Regressionsgleichung y = 0,076714·x – 37,957866 und für die Autos aus den USA y = 0,035783·x + 20,384518, jeweils im Modell der linearen Funktionen. Wir interpretieren die Steigungen der Regressionsgeraden : Autos aus den USA erbringen pro Volumeneinheit Hubraum nur etwa halb so viele Kilowatt Leistung als italienische Autos. Weitere Untersuchungen (Prognosewerte, Residuen) können folgen. Wenn wir testen wollen, wie gut die Regressionsfunktionen die Daten approximieren, dann lassen wir uns Prognosewerte berechnen. Danach können wir die Residuen (= Prognosewert - Messwert) berechnen und auch graphisch darstellen lassen. Die Frage nach Unterschieden zwischen Pkw aus Italien und den USA sollte in Bezug auf die einzelnen Merkmale jeder selbst beantworten.

2.4 Auswerten von Messreihen - Entdecken von Zusammenhängen

Ausführliche Informationen und weitere Aufgaben zur Auswertung von Messreihen können Wirths (2019) entnommen werden.

2.4.1 Deutsche Wetterstationen veröffentlichten folgende Jahresmittelwerte für den Luftdruck (Daten aus DIFF (1982), Heft 1) :

Station	List/Sylt	Freudenstadt	Feldberg	Wendelstein	Zugspitze
h in km	0,006	0,797	1,486	1,832	2,960
s in mbar	1009,3	924,2	849,5	814,2	705,2

h : Höhe der Station über NN   s : mittlerer Luftdruck

Untersuchen Sie den funktionalen Zusammenhang zwischen den beiden Größen.

Lösung :

Wir wollen Prognosewerte $\hat{s}(h)$ berechnen. Da Lernende in der Regel die barometrische Höhenformel nicht kennen, werden sie nicht im Modell einer Exponentialfunktion arbeiten, sondern im Modell einer linearen Funktion f : x → m·x + b, zumal sie dem Graphen meist keine überzeugenden Gründe für einen nicht-linearen Zusammenhang entnehmen. Es werden jedoch bald Zweifel an diesem Modell aufkommen. Jede lineare Prognosefunktion für diese Messwerte muss streng monoton fallend sein und hat eine Nullstelle, in unserem Fall bei etwa 9,755 km. Nur bis zu dieser Nullstelle könnte die Gleichung allenfalls benutzt werden, denn negative Werte für den Luftdruck sind physikalisch nicht sinnvoll. Lässt man Schüler skizzieren, wie eine bessere Anpassung als durch eine lineare Funktion vor allem für größere Höhen graphisch aussehen könnte, stellen sie eine (leicht) linksgekrümmte Kurve dar, die die s-Achse bei circa 1010 mbar schneidet, der h-Achse für große Werte von h beliebig nahe kommt, sie aber nicht schneidet. Solch eine Kurve für negatives exponentielles Wachstum sollte ihnen aus dem Unterricht der 10. Klasse von Wachstumsproblemen her bekannt sein. Damit ist der Weg zum Modell einer Exponentialfunktion vom Typ f : t → s mit s = a·q^t angezeigt. Immer dann, wenn als Graph eine Gerade unpassend erscheint, versuchen wir, die Messwerte so zu transformieren, dass der Graph der transformierten Daten (in etwa) eine Gerade ist. Es gilt : s = a·q^t ⇔ log s = log(a·q^t) (falls alle 2. Koordinaten positiv sind !) ⇔ log s = log q·t + log a. Setzt man y = log s und x = t, erhält man y = log q·x + log a. Der zugehörige Graph der transformierten

Daten (erste Koordinate beibehalten und zweite Koordinate logarithmiert) ist eine Gerade mit log q als Steigung und log a als Achsenabschnitt.

Was das elektronische Hilfsmittel leisten muss :

Eingabe der Daten in 2 Spalten (1. Koordinate, 2. Koordinate), zeichnen des Graphen. Transformation der Daten (1 weitere Spalte) und zeichnen des neuen Graphen (1. Koordinate, Logarithmus 2. Koordinate). Durchführen einer Regressionsrechnung im Modul „Exponentialfunktion" oder alternativ Regressionsrechnung im Modul „lineare Funktion" (1. Koordinate, Logarithmus 2. Koordinate). Die Gleichung der Regressionsfunktion lautet $y = 1014{,}94521 \cdot 0{,}885425^X$. Plotten des Graphen der Daten und der Regressionskurve. Residuenberechnung und graphische Darstellung der Regressionskurve sowie der Residuen in separaten Plots. Wenn wir die Unterschiede zwischen dem Modell der linearen Funktion und dem der Exponentialfunktion verdeutlichen wollen, brauchen wir Methoden vergleichbar der Auswertung eines Zielphotos. Weitere Informationen hierzu können Wirths (2020) entnommen werden.

2.4.2 Das 3. Keplersche Gesetz

Planet	mittlere Entfernung E von der Sonne in 10^6 km	Umlaufdauer T in Tagen
Merkur	57,9	88
Venus	108,2	225
Mars	227,9	687
Jupiter	778,3	4 392
Saturn	1447	10 753
Neptun	4497	60 150
Pluto	5907	90 670

Im Herbst des Jahres 1601 übernahm der Astronom und Mathematiker Johannes Kepler (1571 - 1630) das Observatorium in Prag. Sein Vorgänger Tycho Brahe hatte in mühsamer Arbeit umfangreiches Beobachtungsmaterial über den Lauf der Planeten zusammengetragen. 1609 veröffentlichte Kepler die ersten beiden nach ihm benannten Gesetze. Das dritte Gesetz hat er erst 1618 entdeckt. Mit den heute bekannten Daten über die Planeten wollen wir diese Entdeckung nachvollziehen und das 3. Keplersche Gesetz formulieren.

a. Untersuchen Sie den funktionalen Zusammenhang zwischen den beiden Größen.

b. Untersuchen Sie, welche Umlaufdauer der Uranus hat, für den die mittlere Entfernung von der Sonne $E = 2870 \cdot 10^6$ km beträgt. (Literaturwert : 30 660 Tage)

c. Die Erde hat eine Umlaufdauer von 365 Tagen. Untersuchen Sie, welche mittlere Entfernung E von der Sonne sie hat. (Literaturwert : $149{,}6 \cdot 10^6$ km)

Lösung :

Wir wollen Prognosewerte $\hat{T}(E)$ berechnen. Da als Graph eine Gerade unpassend, der einer Potenzfunktion dagegen möglich erscheint, versuchen wir eine Regressionsrechnung im Modell der Potenzfunktionen $f : t \rightarrow s$ mit $s = a \cdot t^n$. Es gilt : $s = a \cdot t^n \Leftrightarrow \ln s = \ln(a \cdot t^n)$ (falls alle Koordinaten positiv sind !) $\Leftrightarrow \ln s = n \cdot \ln t + \ln a$. Setzt man $y = \ln s$ und $x = \ln t$, erhält man : $y = n \cdot x + \ln a$. Der zugehörige Graph der transformierten Daten (beide Koordinaten logarithmiert) ist eine Gerade mit n als Steigung und ln a als Achsenabschnitt.

Was das elektronische Hilfsmittel leisten muss :

zu Aufgabe a : Daten eingeben und graphisch darstellen, Regressionsrechnung im Modul „Potenzfunktionen" oder alternativ : 2 neue Listen mit den Logarithmen der Daten und Regressionsrechnung mit diesen Daten im Modell „lineare Funktion", 1 neue Liste mit den Prognosewerten und eine mit den Residuen, Plot der transformierten Daten, Plot mit den Prognosewerten sowie Residuenplot. Mit der Regressionsgleichung $\hat{T}(E) = 0,2009 \cdot E^{1,4988}$ erhalten wir eine gute Darstellung für das 3. Keplersche Gesetz : $T \sim E^{1,5} \Leftrightarrow T^2 \sim E^3$ oder in Worten : Die Quadrate der Umlaufzeiten der Planeten T sind proportional zu den Kuben (3. Potenzen) der Längen der großen Halbachsen E ihrer Bahnellipsen.

Lösung zu Aufgabe b und c :
Prognosewert für E = 2870 berechnen, die Exponentialgleichung $0,2009 \cdot E^{1,4988} = 365$ nach E auflösen. (leistungsfähiges CA-System !)

2.4.3 Zentralkraftgesetz :

f in Hz	0,84	0,71	0,60	0,49	0,39	0,29	0,19
F_z in N	1,04	0,75	0,58	0,35	0,21	0,14	0,08

Bei einem Zentralkraftgerät wird die Abhängigkeit der Zentralkraft F_z von der Frequenz f (aus Messungen der Umlaufzeit für 20 Umdrehungen berechnet) gemessen. Untersuchen Sie den funktionalen Zusammenhang zwischen den beiden Größen.

Lösung :
Wir wollen Prognosewerte $\hat{F}_z$ (f) berechnen. Da eine Gerade als Graph unpassend, der einer quadratischen Funktion aber möglich erscheint, versuchen wir eine Regressionsrechnung im Modell der quadratischen Funktionen vom Typ $f : t \rightarrow s$ mit $s = a \cdot t^2 + b$. Setzt man y = s und x = t^2, erhält man $y = a \cdot x + b$. Der zugehörige Graph der transformierten Daten (erste Koordinate quadrieren) ist eine Gerade mit a als Steigung und b als Achsenabschnitt.

Was das elektronische Hilfsmittel leisten muss :

Wir gehen wie in Aufgabe 1 vor, was Dateneingabe, Transformation und Plots angeht. Eine quadratische Funktion zweiten Grades vom Typ $f : x \rightarrow ax^2 + bx + c$ mit a, b, c ∈ ⑧ erscheint als Modell nicht angemessen, da keine Hinweise auf eine mögliche Verschiebung des Parabelscheitelpunkts sowohl in x- wie auch in y-Richtung zu erkennen sind. Daher wählen wir das oben vorgestellte Modell einer in y-Richtung verschobenen Parabelfunktion. Wir wählen eine lineare Regression zwischen den Quadraten der 1. Koordinaten und den nicht-transformierten 2. Koordinaten, lassen uns in einem Extrafenster die Regressionsdaten zeigen. Aus der Steigung und dem Achsenabschnitt der linearen Regressionsfunktion können wir die beiden Parameter für den Graphen der nach oben verschobenen Parabelfunktion erkennen. Wir lassen die Residuen ausrechnen, schauen den Residuenplot an und interpretieren. Wir erhalten $\hat{F}_z = \hat{F}_z$ (f) = $1,464 \cdot f^2 + 0,015$ als Gleichung der Regressionsfunktion. Den konstanten Summanden der Funktionsgleichung kann man als systematischen Fehler bei der Nullpunkteinstellung des Kraftmessers interpretieren. Von den gemessenen Kräften muss man also in etwa 0,015 N abziehen, um die tatsächlich wirksame Kraft zu kennen.

2.4.4 Das Gesetz von Boyle-Mariotte

Eine rund 1 m lange Kapillarröhre ist an einem Ende zugeschmolzen und am anderen Ende offen. Mitten in der Röhre ist ein 30 - 35 cm langer Quecksilberfaden, der die in der Röhre befindliche Luft vollständig in der Röhre einschließt. Stellt man diese Meldesche Röhre genannte Vorrichtung mit der Öffnung nach oben, dann drückt der Quecksilberfaden auf die Luft, erzeugt einen Druck p, den wir mit einem positiven Vorzeichen versehen, und presst die Luft auf ein Volumen V zusammen. Stellt man die Röhre mit der Öffnung nach unten, dann drückt der Quecksilberfaden gegen den Luftdruck. Wir versehen p dann mit einem negativen Vorzeichen. Hält man die Röhre schräg, kann man den Druck des Quecksilberfadens variieren. Ein Versuch ergab folgende Messreihe :

p in hPa	470	215	68	-148	-262	-348	-426
V in cm^3	1,16	1,4	1,6	2,0	2,3	2,6	2,9

a. Untersuchen Sie den funktionalen Zusammenhang zwischen den beiden Größen.
b. Es wurde versäumt, eine Messung bei waagerecht liegender Röhre zu machen. Untersuchen Sie, welches Volumen die eingeschlossene Luft dann hat.

Lösung :
Wir wollen Prognosewerte $\hat{p}(V)$ berechnen. Da als Graph eine Gerade unpassend, der einer Hyperbel dagegen möglich erscheint, wollen wir im Modell $f : x \to \dfrac{a}{x} + b$, a, b $\in \circledR$, eine Regressionsrechnung versuchen. Setzt man y = s und t = $\dfrac{1}{x}$, erhält man s = a·t + b. Der Graph der transformierten Daten (den Reziprokwert der ersten Koordinate bilden, zweite Koordinate beibehalten) ist eine Gerade mit der Steigung a und b als Achsenabschnitt. In Aufgabe b ist die Nullstelle der Prognosefunktion gefragt, da in der waagerechten Stellung der Meldeschen Röhre der von der Quecksilbersäule ausgeübte Druck 0 hPa ist.

Was das elektronische Hilfsmittel leisten muss :

Lösung zu Aufgabe a : Wir gehen wie in Aufgabe 1 vor und geben die Daten ein. Wir können wieder Plot 1 für die gegebenen Daten (x, y) und Plot 2 für die transformierten Daten definieren. Da die transformierten Daten in etwa auf einer Geraden zu liegen scheinen, wählen wir eine lineare Regression zwischen den Reziproken der 1. Koordinaten und den nicht-transformierten 2. Koordinaten und lassen uns in einem Extrafenster die Regressionsdaten zeigen. Aus der Steigung und dem Achsenabschnitt der linearen Regressionsfunktion können wir, wie oben erklärt, die beiden Parameter für den Graphen der nach unten verschobenen Hyperbelfunktion erkennen. Wir können noch Plot 3 für die Residuen definieren, diesen Plot anschauen und interpretieren. Wir erhalten $\hat{p}(V) = \dfrac{1722}{V} - 1012,6$ als Gleichung der Regressionsfunktion. Den konstanten Summanden der Funktionsgleichung kann man als systematischen Fehler interpretieren, es handelt sich hier um den nicht berücksichtigten äußeren Luftdruck. Man muss also zum Druck der Quecksilbersäule den Luftdruck addieren, um den gesamten auf die eingeschlossene Luft einwirkenden Druck p zu kennen. Setzen wir p = $\hat{p}(V)$ + 1012,6, erhalten wir das Gesetz von Boyle-Mariotte in der Form p·V = const.

Lösung zu Aufgabe b :

Lösen der Gleichung $\hat{p}(V) = 0$ nach dem Volumen V. (leistungsfähiges CA-System !)

3. Aufgaben zur Wahrscheinlichkeitsrechnung

3.1 Einleitung

Die Stochastik wurde von den meisten wissenschaftlichen Taschenrechnern und vom TI-82 nur sehr dürftig unterstützt. n! konnte wie bei wissenschaftlichen Taschenrechnern nur bis n = 69 berechnet werden. Bei Binomialkoeffizienten $\binom{n}{k}$ war es besser : Bis n = 336 gelang die Berechnung. Für n > 336 war es ein Glücksspiel. Einige Binomialkoeffizienten konnten berechnet werden, falls Zwischenergebnisse und Endergebnis kleiner als 10^{100} waren, bei den anderen wurde die Rechnung mit einer Fehlermeldung (Overflow) abgebrochen.

Bei Binomialwahrscheinlichkeiten drohen zwei Gefahren : Der Overflow bei Binomialkoeffizienten und das Abrunden auf 0 bei den Potenzen p^k und q^{n-k}. Wer ernsthaft im Modell der Binomialwahrscheinlichkeiten Aufgaben mit realistischen Werten stellen und vernünftige Ergebnisse erhalten wollte, benötigt für Einzel- und Bereichswahrscheinlichkeiten ein besonderes Programm, wie es in Kapitel 9 beschrieben wird.

Der TI-83 Plus war mit seinen Stochastikroutinen lange Jahre der Referenzrechner für die Stochastik, wenn man auf CA-Systeme verzichtete, bis er vom schnelleren TI-84 Plus abgelöst wurde. Die CA-Taschencomputer fielen in der Stochastik zuerst in ihrer Leistungsfähigkeit trotz der zusätzlichen Möglichkeiten des Computer-Algebrasystems hinter den TI-83 Plus zurück. Erst das Zuladen eines zusätzlichen Programmpakets, des Statistik-Listeneditors, beseitigte diesen Mangel. In zwei Büchern, Wirths (2019) und Wirths (2020), werden Unterrichtsreihen der Stochastik vorgestellt, in denen auch Ergebnisse des Rechnereinsatzes dokumentiert werden, darunter Möglichkeiten, die erst durch den Rechnereinsatz realisiert werden konnten. In 3.3 sehen wir, wie der Rechner exakte Lösungen im Modell der Binomialverteilung ermöglicht, die wir früher nur über Näherungsverfahren angenähert ermitteln konnten. Wir können in diesem Fall den mathematischen Ansatz aufstellen, müssen uns dann aber ganz dem Rechner anvertrauen.

3.2 Klassische Probleme

3.2.1 Das Geburtstagsproblem :

In diesem Seminar sind 22 Personen anwesend. Welche der beiden Behauptungen E und F scheint Ihnen für eine Wette günstiger zu sein ?

E : „Wenigstens ein Paar (zwei Personen) hat (haben) am gleichen Tag Geburtstag."

F : „Alle Personen haben an verschiedenen Tagen Geburtstag."

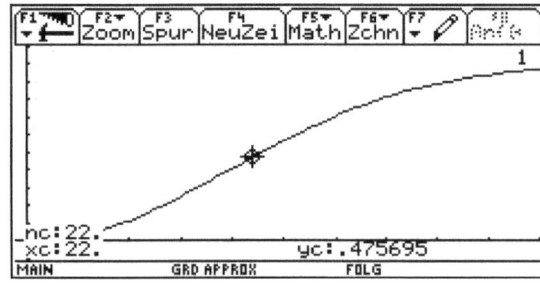

Lösung : Die Aussage E charakterisiert ein Ereignis, F das zu E entgegengesetzte Ereignis $\bar{E}$. Es gilt : P(E) = 1 - P($\bar{E}$). Das bedeutet, dass eine der beiden Aussagen, also das Ereignis oder das Gegenereignis, absolut sicher eintritt. P($\bar{E}$) ist jedoch viel einfacher als P(E) zu berechnen. Es gilt bei n Personen :

$$P(E) = 1 - \frac{365}{365} \cdot \frac{364}{365} \cdot \frac{363}{365} \cdot \ldots \cdot \frac{365-(n-1)}{365} = 1 - \prod_{i=1}^{n} \frac{365-i+1}{365} .$$

Was das elektronische Hilfsmittel leisten muss :

Wir definieren eine auf den natürlichen Zahlen definierte Folge geb(n), geben dazu den obigen Term ein, lassen uns Folgenwerte für einige Werte von n ausgeben, in einer Wertetafel zusammenstellen und den zugehörigen Graphen plotten, den wir auch noch mit dem Cursor durchlaufen können (siehe Bild auf der vorigen Seite).

3.2.2 Das Ärgernis des Chevalier de Méré :

Beate und Svenja wetten gegeneinander. Beate : „Ich wette, dass ich bei n Versuchen wenigstens einmal mein Wunschergebnis erhalte." Svenja : „Ich wette, dass Du das nicht schaffst." Beates Wunschergebnis kann zum einen eine „6" bei einem einfachen Wurf mit einem Würfel, zum anderen eine Doppelsechs bei einem Wurf mit zwei Würfeln sein.

Untersuchen Sie, wie viele Versuche Beate mindestens machen muss, damit ihre Chance zu gewinnen größer ist die Svenjas.

Lösungsskizzen :

E : „Bei n Versuchen erhält Beate ihr Wunschergebnis wenigstens einmal."

$\bar{E}$: „Bei n Versuchen erhält Beate kein einziges Mal ihr Wunschergebnis."

Es gilt : $P(E) = 1 - P(\bar{E})$. $P(\bar{E})$ ist viel einfacher als $P(E)$ zu berechnen. Bei n Versuchen gilt : $P(E) = 1 - q^n$, wobei q die Wahrscheinlichkeit dafür ist, das Wunschergebnis nicht zu erhalten, und das dann n mal nacheinander.

Bei wie vielen Versuchsdurchführungen sind Beates Chancen größer als die von Svenja ?

Diese Frage führt zu : Für welche $n \in \mathbb{N}$ ist $P(E) > P(\bar{E})$? Es gilt : $P(E) > 1 - P(E) \Leftrightarrow 2 \cdot P(E) > 1 \Leftrightarrow P(E) > 0,5 \Leftrightarrow 1 - q^n > 0,5 \Leftrightarrow q^n < 0,5 \Leftrightarrow n > \frac{ln\ 0,5}{ln\ q}$ (ln q < 0 !)

Für $q = \frac{5}{6}$ (einfacher Wurf eines Laplace-Würfels) gilt : $n > 3,80...$

Für $q = \frac{35}{36}$ (Wurf mit zwei Laplace-Würfeln) gilt : $n > 24,60...$

Da haben wir das Ärgernis des Chevalier de Méré. Das Ergebnis entsprach nicht einer „Proportionalitätsregel", die der Chevalier für die beiden Versuche (einfacher Würfelwurf mit Ergebnis „6" und zweifacher Würfelwurf mit Ergebnis Doppelsechs) angenommen hat, die lautet : Wenn ich bei einem Versuch mit 6 Möglichkeiten pro Durchführung 4 Versuche benötige, damit meine Chancen besser sind als die meines Gegenspielers, dann sind bei einem Versuch mit 36 (= 6·6) Möglichkeiten pro Durchführung 6·4 Versuche nötig, damit meine Chancen besser sind. Der Chevalier war so erbost, dass er öffentlich behauptete, die Aussagen der Mathematik seien unsicher, die Arithmetik widerspreche sich. Weitere Ausführungen bei Wirths (2020).

Was das elektronische Hilfsmittel leisten muss :

Wir definieren eine Folge wurf(n,p), n Anzahl der Würfe, p Wahrscheinlichkeit für das Eintreten des gewünschten Ergebnisses/Ereignisses, lassen uns eine Wertetafel ausgeben und graphisch darstellen, zusätzlich dazu die Parallele zur x-Achse mit y = 0,5.

Die Wahrscheinlichkeit, dass Beate bei 4 Würfen mit einem L-Würfel mindestens eine Sechs erhält, beträgt $P(E) = 0,5177$, bei 3 Würfen nur $0,4213$.

Die Wahrscheinlichkeit, dass Beate bei 25 Würfen mit zwei L-Würfeln mindestens eine Doppelsechs erhält, beträgt $P(E) = 0,5055$, bei 24 Würfen $0,4914$.

3.2.3 Die Aufteilung des Gewinns bei einem vorzeitig abgebrochenen Spiel :

Eine Gesellschaft spielt Ball auf 60 Punkte, wobei 10 Punkte für das Einzelspiel vergeben werden. Sie setzen insgesamt 10 Dukaten ein. Aufgrund gewisser Umstände können sie nicht zu Ende spielen; dabei hat eine Partei 50 und die andere 20 Punkte. Man fragt, welcher Anteil des Einsatzes jeder Partei zusteht. (Aus : Fra Luca Pacioli, Summa de Arithmetica Geometria Proportioni et Proportionalita, Venedig 1494)

a. Untersuchen Sie, wie die 10 Dukaten aufgeteilt werden müssen.

b. Untersuchen Sie, mit welcher Wahrscheinlichkeit die zurückliegende Partei 2 nach einer Wiederaufnahme des Ballspiels jedes Einzelspiel gewinnen müsste, damit ihre Chance auf Gewinn des gesamten Spiels genau so groß ist wie die von Partie 1.

Lösungsskizzen zu a : Wir folgen nicht dem Vorschlag von Fra Luca Pacioli zur Aufteilung der 10 Dukaten, sondern verwenden die Lösungsidee, die seit dem Briefwechsel zwischen Blaise Pascal und Pierre Fermat von 1654 bei diesem Problem benutzt wird : Wir denken uns das gesamte Spiel bis zum Sieg einer der Parteien fortgesetzt und berechnen die beiden Wahrscheinlichkeiten, mit der Partei 1 oder 2 das Spiel noch gewinnen können. Die 10 Dukaten werden dann im Verhältnis dieser beiden Erfolgswahrscheinlichkeiten aufgeteilt. Wenn p die Wahrscheinlichkeit ist, mit der die im Spiel zurückliegende Partei 2 jedes Einzelspiel gewinnt, und q die Wahrscheinlichkeit, mit der Partei 1 jedes Einzelspiel gewinnt, dann gilt :

P(„Partei 2 gewinnt das gesamte Spiel") = p^4. Wir denken uns dazu das Baumdiagramm für die Fortsetzung des Spiels. Es gibt nur einen Weg, nämlich alle vier folgenden Spiele zu gewinnen, wenn Partei 2 noch das gesamte Spiel gewinnen soll.

P(„Partei 1 gewinnt das gesamte Spiel) = $1 - p^4 = q + p \cdot q + p^2 \cdot q + p^3 \cdot q = (1 - p) + p \cdot (1 - p) + p^2 \cdot (1 - p) + p^3 \cdot (1 - p) = (1 - p) \cdot (1 + p + p^2 + p^3)$.

Für $p = q = \frac{1}{2}$ folgt : P(„Partei 2 gewinnt das gesamte Spiel") = $\frac{1}{16}$, P(„Partei 1 gewinnt das gesamte Spiel") = $\frac{15}{16}$.

Partei 1 erhält also $9\frac{3}{8}$ Dukaten und Partei 2 erhält $\frac{5}{8}$ Dukaten von den 10 Dukaten Preisgeld.

Anmerkung : Nach Fra Luca Paciolis Vorschlag kann die 1. Partei $7\frac{1}{7}$ und die 2. Partei $2\frac{6}{7}$ Dukaten erwarten. Geronimo Cardano kritisierte 1539 Fra Lucas Lösung und sprach davon, dass „er einen gewaltigen, sogar von einem Knaben erkennbaren Bock schoss, wobei er andere kritisiert und seine Meinung als ausgezeichnet lobt." Nach Cardanos Meinung sollte die erste Partei $9\frac{1}{11}$, die zweite $\frac{10}{11}$ Dukaten bekommen. Niccolò Tartaglia meinte 1536, dass das Problem „eher juristisch als durch Vernunft gelöst wird." Er gibt trotzdem als Lösung folgende Verteilung an : " Die erste Partei erhält 7,5, die zweite 2,5 Dukaten." Ausführlichere Informationen über die recht willkürlich gewählten Kriterien der Italiener zur Lösung des Aufteilungsproblems findet man zum Beispiel in Wirths (2020).

Lösungsskizzen zu b : Bei gleichen Gewinnchancen muss gelten $p^4 = 1 - p^4 \Leftrightarrow 2 \cdot p^4 = 1 \Rightarrow p = \sqrt[4]{\frac{1}{2}} \approx 0{,}8408$. Nichts ist unmöglich, aber ob Partei 2 nach einer Pause sich so steigert, dass sie mit fast 85 % Wahrscheinlichkeit statt vorher mit 50 % jeden Satz gewinnt, ist doch sehr fraglich.

Was das elektronische Hilfsmittel leisten muss :

Lösung zu a : Eingabe der Gewinnwahrscheinlichkeit für Partei 2 und abspeichern als sp2(p). Ebenso für Partei 1 und abspeichern als sp1(p,q). Berechnung von sp1(0,5,0,5) und sp2(0,5).

Lösung zu b: Auflösung der Gleichung sp2(p) = sp1(p, 1 - p) nach p. Beide Terme stellen Funktionen dar, die für uns für reelle Zahlen zwischen 0 und 1 interessant sind. Wir wollen sie zusätzlich zur Rechnung plotten, mit dem Cursor durchlaufen und für beide Wertetafeln erstellen lassen.

3.3 Das Problem der Überbuchung

Aufgabe : Reisen Hartmann veranstaltet jedes Jahr als Saisonabschlussfahrt eine „Fahrt ins Blaue", die sich großer Beliebtheit erfreut und immer ganz schnell ausgebucht ist. Es werden 52 Fahrkarten verkauft. Erfahrungsgemäß werden bei dieser besonderen Fahrt aber nur 80 % der verkauften Plätze auch tatsächlich eingenommen. Dies ergab eine Auswertung der bisher durchgeführten Fahrten. Zum Einsatz kommen können ein kleiner Bus mit 22 Plätzen, ein mittelgroßer mit 40 Plätzen oder ein großer Bus mit 52 Plätzen.

a. Berechnen Sie die Wahrscheinlichkeit dafür, dass der mittelgroße Bus voll belegt ist.

b. Berechnen Sie, in wie viel Prozent aller Fahrten im Mittel der kleine, der mittelgroße oder der große Bus eingesetzt werden müssen.

Der Seniorchef gibt folgende Anweisung : Es sollen von den Fahrten mit wenigen Teilnehmern so viele wie möglich wegfallen.

c. Berechnen Sie, wie groß die Mindestteilnehmerzahl sein muss, damit die Saisonabschlussfahrt mit einer Wahrscheinlichkeit stattfindet, die gerade noch größer als 99 % ist.

Da die Nachfrage nach der Saisonabschlussfahrt bisher immer größer als das Angebot war, möchte der Juniorchef mehr als 52 Fahrkarten verkaufen.

d. Berechnen Sie, wie viele Fahrkarten höchstens verkauft werden dürfen, wenn im Mittel in mindestens 95 % aller Fälle nur ein einziger Bus eingesetzt werden soll.

e. Der große Bus macht 500 € Unkosten, während für den kleinen Bus 250 € zu Buche schlagen. Untersuchen Sie, wie viele Fahrkarten verkauft werden müssen, damit der im Mittel zu erwartende Gewinn maximal wird. Jede Fahrkarte wird für 10 € verkauft.

Lösungen :   X : Zahl der belegten Busplätze

zu a : $P(X = 40) = 0{,}11236...$

zu b : $P(X \leq 22) = 2{,}597... \cdot 10^{-9}$ $P(23 \leq X \leq 40) = 0{,}34....$ $P(41 \leq X \leq 52) = 0{,}659...$

zu c : Gesucht ist das größte $k \in \mathbb{N}$ mit $0 \leq k \leq 52$, so dass gilt : $P(k \leq X \leq 52) > 0{,}99$. Die Lösung ist $k = 35$.

zu d : Gesucht ist das größte $n \in \mathbb{N}$ mit $n > 52$, so dass bei $p = 0{,}8$ gilt : $P(X \leq 52) \geq 0{,}95$. Die Lösung ist $n = 59$.

zu e : Mit F bezeichnen wir den Preis pro Fahrkarte, mit U_1 die Unkosten für den ersten Bus und mit U_2 die Unkosten für den zweiten Bus, wobei wir alle Geldbeträge in Euro rechnen. Für den Erwartungswert E(Y), wobei Y für den Gewinn in Euro steht, gilt :

$E(Y) = n \cdot F - U_1 + U_1 \cdot P(X=0) - U_2 \cdot (1 - P(X \leq 52))$.

Für $n = 65$ folgt dann : $E(Y) \approx 15$ €, also ein Gewinn, der im Mittel 5 € geringer ist als bei den bisherigen Busfahrten. Wir benutzen die Tabellenkalkulation, um das Optimierungsproblem zu lösen.

Was das elektronische Hilfsmittel leisten muss :

Lösung zu a und b : Berechnen der Einzelwahrscheinlichkeit (a) und 3 Bereichswahrscheinlichkeiten (b) exakt im Modell der Binomialverteilung.

Lösung zu c: Berechnung der unteren Grenze der Bereichswahrscheinlicheit für eine Sicherheitswahrscheinlichkeit von 99 % im Modell der Binomialverteilung und nicht als Näherung im Modell der Normalverteilung (leistungsfähiges Stochastik-Modul und CA-System !).

Beispiel für den Voyage 200 : Wir lassen die Gleichung tistat.BinIwkt(52, 0.8, x, 52) = 0.99 nach x auflösen. Ein leistungsfähiges CA-System löst tistat.BinIwkt(52, 0.8, x, 52) > 0.99 nach x auf ! Dieses Verfahren liefert aber nur einen Näherungswert. Wir machen eine Probe mit 3 konkreten Bereichswahrscheinlichkeiten (3 Werte für k) und entscheiden uns für k = 35.

Hinweis : tistat.BinIwkt(n, p, u, o) berechnet beim Voyage 200 die Bereichswahrscheinlichkeit $P(u \leq X \leq o)$ für gegebenes n und p im Modell der Binomialverteilung.

Lösung zu d : Eingabe von 2 Folgen, eine berechnet die Bereichswahrscheinlichkeit $P(X \leq 52)$ für n > 52 und p = 0,8. Die andere stellt die Parallele zur n-Achse (x-Achse) y = 0,95 dar. Zeichnen dieser beiden Folgen, Abtasten der Graphen, Ausgabe einer Wertetafel. Wir suchen dabei den passenden Wert für n aus.

Lösung zu e : In der Tabellenkalkulation lassen wir für alle natürlichen Zahlen von 52 bis 65 den Gewinn berechnen, stellen die Ergebnisse graphisch dar, tasten den Graphen ab und lesen den maximalen Gewinn ab. Im höchsten Punkt wird x = 60 mit y = 83,26 angezeigt.

Beispiel für den Voyage 200 : In den Zellen A1 bis A14 stehen untereinander alle natürlichen Zahlen von 52 bis 65. Bei C1 geben wir 500 (die Unkosten für den ersten Bus), bei D1 250 (die Kosten des zweiten Busses) und bei E1 10 (die Kosten einer Fahrkarte) ein. In B1 geben wir =(A1*E1-C1-D1*(1-tistat.BinIwkt(A1, 0.8, 0, 52)) ein. Diese Formel kopieren wir in die Zellen B2 bis B14.

3.4 Würfelraten

Aufgabe : Hans hat nacheinander die Ergebnisse 5, 4, 3, 4, 4, 4, 3, 4, 3 und 4 erhalten. Er hatte die Wahl zwischen einem Laplace-Würfel (L) und einem langen U-Würfel (lg U). Wir wissen aber nicht, welchen Würfel er gewählt hat. Wir vermuten in Kenntnis der Ergebnisse, dass es der lange U-Würfel war. Untersuchen Sie, mit welcher Wahrscheinlichkeit Hans den langen U-Würfel gewählt hat.

Hinweis : Der lange „U-Würfel" gehört zu den sogenannten Riemer-Würfeln und ist in Riemer (1985) und Riemer (1988) beschrieben. Aus einer im Querschnitt U-förmigen Profilleiste (das „U" ist 2 cm breit und 1,2 cm hoch) werden 2,5 cm lange Stücke ausgesägt. Die 6 Wurflagen werden wie beim normalen Würfel mit 1 bis 6 beschriftet.

Lösung : Für den langen U-Würfel wird folgende aus einer langen Versuchsreihe entwickelte Wahrscheinlichkeitsverteilung angenommen :

Ergebnis	1	2	3	4	5	6
Wahrscheinlichkeit	0,12	0,06	0,22	0,42	0,06	0,12

Sollte die Tabellenkalkulation des Taschencomputers für den Aufbau eines Tabellenblatts, für die Darstellung und die Auswertung einer Ergebnisserie mit 10 Würfen zu viel Zeit benötigen, stelle ich hier einen für den Taschencomputer noch gut gangbaren Weg dar, fasse Ergebnisse zusammen und beschränke mich auf zwei Alternativen. Nach diesem Beispiel sollte jedem Lesenden das Erstellen eines Tabellenblatts mit mehr als zwei Alternativen bei konkreter Berücksichtigung jedes einzelnen Ergebnisses der Wurfserie mit Hilfe einer Tabellenkalkulation am PC oder an einem anderen leistungsfähigen elektronischen Hilfsmittel gelingen.

Wir fassen bei unseren weiteren Betrachtungen die beiden beim langen U-Würfel besonders häufigen Ergebnisse „3" und „4" zum Ereignis E zusammen. Wir betrachten zuerst die Situation für den ersten Wurf. Wir stellen uns 300 Wiederholungen solcher Versuche vor. Als neutraler Beobachter erwarte ich, dass Hans 150 Mal den L-Würfel und 150 Mal den langen U-Würfel benutzt. Das wurde in der ersten Stufe des links abgebildeten Baumdiagramms ausgedrückt. Es wurde zuerst eine „5" gewürfelt. Das Ereignis E ist also nicht eingetreten. Die Wahrschein-

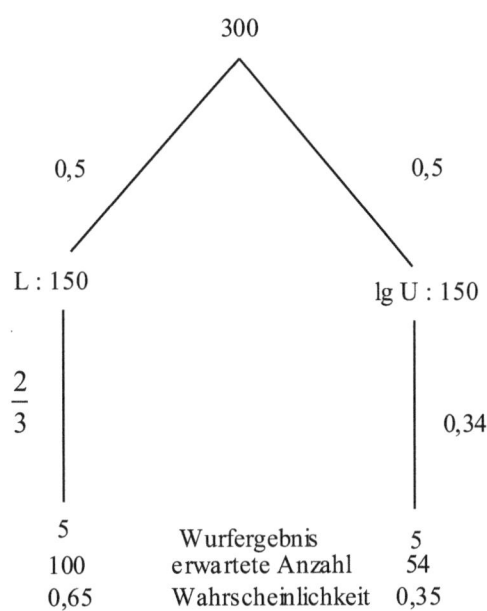

lichkeit dafür beträgt beim L-Würfel $\frac{2}{3}$. Bei 150 Versuchen ist das im Mittel 100 Mal zu erwarten. Beim langen U-Würfel beträgt die Wahrscheinlichkeit dafür, dass E nicht eintritt, 0,36. Das ist bei 150 Versuchen im Mittel 54 Mal zu erwarten. Das wurde in der zweiten Stufe des Baumdiagramms dargestellt. Die Wahrscheinlichkeit, dass der L-Würfel benutzt wurde, ist $\frac{100}{154} \approx 0,65$, die Wahrscheinlichkeit, dass der lange U-Würfel benutzt wurde, beträgt $\frac{54}{144} \approx 0,35$. Das wurde in der zweiten Stufe des Baumdiagramms ausgedrückt.

Mit dem zweiten Ergebnis der Wurfserie, „4", ist E eingetreten. Jetzt multiplizieren wir 0,65 mit $\frac{2}{3}$ (P_1) und 0,35 mit 0,64 (P_2), addieren P_1 und P_2 (S), bilden dann die Quotienten aus P_1 und S sowie P_2 und S und

erhalten so die neuen Wahrscheinlichkeiten. Für jedes weitere Wurfergebnis können wir diese Operationen (Die zuletzt errechneten Wahrscheinlichkeiten mit $\frac{2}{3}$ oder $\frac{1}{3}$ beziehungsweise 0,64 oder 0,36 multiplizieren, die Produkte addieren und die beiden Quotienten bilden) fortsetzen und so die Entwicklung der Wahrscheinlichkeiten für die beiden Hypothesen („Es ist ein L-Würfel." bzw. „Es wurde der lange U-Würfel benutzt.") in der Tabellenkalkulation verfolgen.

Was das elektronische Hilfsmittel leisten muss :

Rechenblatt für diesen Vorgang erstellen (siehe Bilder unten auf der Seite).

In B2 schreiben wir „0.5" und in C2 die Formel „=(1-b2)". In den Zellen A3 bis A12 tragen wir die Wurfergebnisse ein. Wir schreiben „1", wenn das Ereignis E eingetreten ist, „0", wenn es nicht eingetreten ist. Für die Wurfergebnisse von Hans tragen wir also zuerst „0" und dann neunmal „1" ein. Insgesamt lesen wir in der Befehlszeile als Eintrag für D3 : „=wenn(A3=0, B2*2/3, B2*1/3)". In E3 ein : „wenn(a3=0, c2*0.36,c3*0.64))". In B3 tragen wir ein : „=(d3/(d3+e3))" und in C3 : „=(e3/(e3+d3))". Nun müssen wir die Formeln aus den Zellen B3, C3, D3 und E3 in die darunter liegenden Zellen bis hin zu B12, C12, D12 und E12 kopieren.

In B2 wird die a priori-Wahrscheinlichkeit für die erste Hypothese („Hans hat den L-Würfel benutzt.") angegeben. In C2 wird daraus die Alternativwahrscheinlichkeit berechnet. Hier könnten auch andere a priori-Einschätzungen als 0,5 stehen, die Erfahrungen mit anderen Wahrscheinlichkeiten als (0,5;0,5) ermöglichen. Das alles überlasse ich interessierten Lesenden.

F1▼ Dat	F2▼ Graf	F3▼ Bearb	⁙⁙ j	F5 $	F6▼ Funk	F7▼ Stat	F8 NeuRech
w2r	A	B	C	D	E	F
1	Wurf	L-W	1U-W			
2	apriori	.5	.5	Pfad 1	Pfad 2	
3	0	.64935	.35065	.33333	.18	
4	1	.49097	.50903	.21645	.22442	
5	1	.33437	.66563	.16366	.32578	
6	1	.20738	.79262	.11146	.426	
7	1	.11993	.88007	.06913	.50728	

B1 :   "L-W"

MAIN   BOG AUTO   FKT

F1▼ Dat	F2▼ Graf	F3▼ Bearb	⁙⁙ j	F5 $	F6▼ Funk	F7▼ Stat	F8 NeuRech
w2r	A	B	C	D	E	F
6	1	.20738	.79262	.11146	.426	
7	1	.11993	.88007	.06913	.50728	
8	1	.06627	.93373	.03998	.56325	
9	1	.03565	.96435	.02209	.59759	
10	1	.01889	.98111	.01188	.61719	
11	1	.00993	.99007	.0063	.62791	
12	1	.0052	.9948	.00331	.63365	

B6 :   =D6/(D6+E6)

MAIN   BOG AUTO   FKT

3.5 Gregor Mendel (1822 – 1884)

Aufgabe : Gregor Mendel führte um 1860 Kreuzungsversuche mit Erbsen durch. Er kreuzte Individuen einer Art, die sich in einem Merkmal unterscheiden und hierfür reinrassig sind. Die Nachkommen (1. Tochtergeneration) wurden wieder untereinander gekreuzt. Er untersuchte, wie oft verschiedene Merkmalsausprägungen in der 2. Tochtergeneration auftraten. Die ersten Versuchsreihen lieferten unter anderen dies Ergebnis : Von 7324 Samen waren 5474 rund oder rundlich und 1850 kantig. Untersuchen Sie unter verschiedenen Gesichtspunkten, ob diese Beobachtung mit den Mendelschen Gesetzen in Einklang ist.

Lösung : Gesichtspunkt a : Ausgangspunkt ist, dass Gregor Mendel eine Theorie hat. Wir fragen, ob das Beobachtungsergebnis zu dieser Theorie passt, oder ob die Theorie geändert werden muss. Wie kann ich das Beobachtungsergebnis k = 1850 beurteilen, wenn p = 0,25 und n = 7324 vorgegeben sind ?

Die absolute Abweichung des Beobachtungsergebnisses 1850 vom zu erwartenden Mittelwert 1831 ist 19. Will man diese absolute Abweichung relativ bewerten, nimmt man als Vergleichsmaßstab die Standardabweichung σ. Den Radius r einer r·σ-Umgebung um den Mittelwert μ, bei der der beobachtete Wert auf dem Rand der Umgebung liegt, berechne ich über die Gleichung $r = \left| \frac{k - n \cdot p}{\sigma} \right|$. Ich erhalte für k = 1850, n = 7324 und p = 0,25 : r $\approx$ 0,5127. Jetzt kommt das Sicherheitsbedürfnis ins Spiel. Wenn ich eine Sicherheit von 99 % haben will, muss ich als rein zufällig unter p = 0,25 entstanden wesentlich größere Abweichungen als 19 tolerieren, und zwar bis zum 2,58-fachen von σ. Das Beobachtungsergebnis 1850 liegt mitten in solchen Umgebungen. Damit weiß ich, dass ich für die Beibehaltung von p = 0,25 argumentieren kann und bei starkem Sicherheitsbedürfnis jede Sicherheitswahrscheinlichkeit, wie groß auch immer, auf meiner Seite habe.

Gesichtspunkt b : Ausgangspunkt sind die Beobachtungsergebnisse von Mendel. Wir setzen voraus, dass er noch keine Theorie hat (auch wenn das historisch nicht zutrifft) und fragen, welche möglichst einfache Wahrscheinlichkeit Mendel seiner Theorie zugrunde legen kann. Welche Wahrscheinlichkeiten p sind mit k = 1850 und n = 7324 verträglich, wenn ich eine sehr große Sicherheitswahrscheinlichkeit, zum Beispiel etwa 0,99, fordere ?

Ich möchte also alle Wahrscheinlichkeiten p berechnen, in deren 2,58·σ-Umgebung um μ das beobachtete Ergebnis k = 1850 liegt. Der Ansatz zur Berechnung von Vertrauensintervallen für die unbekannte Wahrscheinlichkeit p mit k = 1850, n = 7324 und r = 2,58 (für die geforderte Sicherheitswahrscheinlichkeit von in etwa 99 %) lautet :

$$| 1850 - 7324 \cdot p | \leq 2{,}58 \cdot \sqrt{7324 \cdot p \cdot (1 - p)} \;\Rightarrow\; p \in [0{,}239724 \,;\, 0{,}265914].$$

Wie man Sicherheitswahrscheinlichkeiten für 2σ-Umgebungen um μ für Wahrscheinlichkeiten p dieses Vertrauensintervalls bestimmt und graphisch darstellt, wird im Lösungsteil mit dem Taschencomputer dargestellt.

Gesichtspunkt c : Wir testen nach Bayes die aus den Mendelschen Gesetzen entnommene Wahrscheinlichkeit 0,25 gegen eine unbekannte Wahrscheinlichkeit p, die in einer Umgebung um die beobachtete relative Häufigkeit $\frac{1850}{7324} \approx 0{,}2526$ liegt. Es gibt zwei Hypothesen : $H_1 : p = 025$ sowie $H_2 : p \neq 0{,}25$.

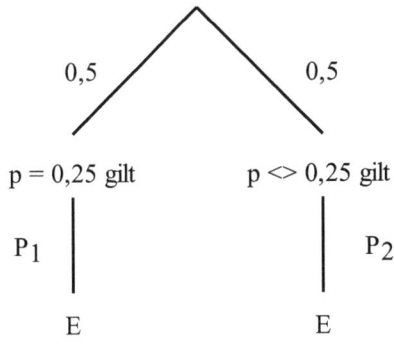

Stellen wir uns einen neutralen Gutachter vor, der vor der Umfrage, also a priori, beide Hypothesen gleich bewertet. Dies wird in der ersten Stufe des links abgebildeten Baumdiagramms dargestellt. Nun erfährt der Gutachter, dass 1850 von 7324 Samen kantig sind. Wie er auf dieses Ergebnis hin (a posteriori) die beiden Hypothesen bewertet, wird nun dargestellt. Die Wahrscheinlichkeit P_1, dass 1850 von 7324 Samen kantig sind, falls deren Anteil p = 0,25 ist, ist : $P_1 = \binom{7324}{1850} \cdot 0{,}25^{1850} \cdot 0{,}75^{5474} \approx 0{,}0094$.

Entsprechend ist die Wahrscheinlichkeit P_2, dass 1850 von 7324 Samen kantig sind, falls p variabel und p ≠ 0,25 ist : $P_2 = \binom{7324}{1850} \cdot p^{1850} \cdot (1 - p)^{5474}$. Im Baumdiagramm wird die gerade beschriebene Situation so dargestellt : Es ist ein Ereignis E („1850 von 7324 Samen sind kantig.") eingetreten, dessen Wahrscheinlichkeit $P(E) = 0{,}5 \cdot P_1 + 0{,}5 \cdot P_2$ beträgt. Der Pfad mit der Hypothese H_1 hat an dieser Wahrscheinlichkeit den Anteil $\dfrac{0{,}5 \cdot P_1}{0{,}5 \cdot P_1 + 0{,}5 \cdot P_2} = \dfrac{P_1}{P_1 + P_2}$, der

Pfad mit der Hypothese H_2 den Anteil $\dfrac{P_2}{P_1 + P_2}$. Stellen wir uns eine Waage mit zwei Waagschalen vor. A priori war die Waage im Gleichgewicht. A posteriori neigt sie sich auf die Seite mit dem größeren Gewicht. Welche das ist, lesen wir an einem Graphen oder aus einer Wertetafel ab. Beides werden wir uns von unserem Taschencomputer anfertigen lassen.

Was das elektronische Hilfsmittel leisten muss :

Gesichtspunkt a : Wir geben n = 7324, k = 1850 und p = 0,25 ein, speichern den Term abs(k - n*x) als y1(x) sowie $\sqrt{n * x * (1 - x)}$ als y2(x) ab. Wir dividieren y1(x) durch y2(x) und berechnen diesen Quotienten an der Stelle x = 0,25.

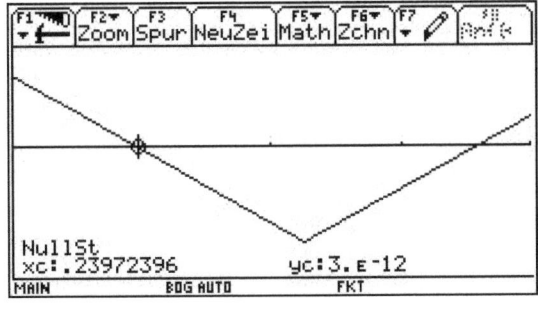

Gesichtspunkt b : Das CA-System sollte so leistungsfähig sein, dass es y1(x) ≤ 2.58*y2(x) nach x auflöst. Wir speichern y1(x) -2,58*y2(x) als y3(x) und 0 als y4(x) ab. Wir lassen die Graphen von y3 und y4 zeichnen und die beiden Nullstellen von y3 (Schnittpunkte von y3 und y4) bestimmen. An diesem Konfidenzintervall für p sehen wir, welche Alternativwahrscheinlichkeiten bei gleich großem Sicherheitsbedürfnis gelten und auch, welche nicht gelten können. Der einfachste Bruch mitten im Konfidenzintervall ist . p = 0,25 (1/4). Den sollte Gregor Mendel für seine Theorie wählen und erst dann aufgeben, wenn neue Experimente eine Änderung zwingend erforderlich machen.

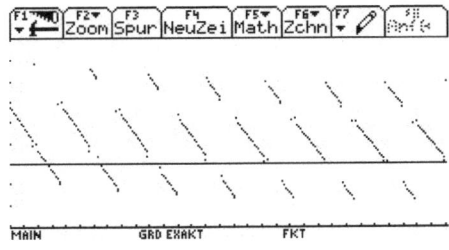

Wir wollen nun Sicherheitswahrscheinlichkeiten für Wahrscheinlichkeiten des Konfidenzintervalls berechnen und graphisch darstellen lassen. Das CA-System sollte einen Term analog zu dem vom Voyage 200 (*) zügig berechnen können, wenn für x Werte aus dem Konfidenzintervall eingesetzt werden. Wir speichern ihn nach y5(x) ab sowie 0.99 bei y6(x). Die Graphen von y5 und y6 soll der Computer plotten (siehe Bild) sowie eine Wertetafel für y_5 erstellen.

(*) Biniwkt(n,x,RundGrö(n*x-2.58*y2(x)), Vorkomma(n*x+2.58*y2(x)))

Gesichtspunkt c : Wir wollen nun Bereichswahrscheinlichkeiten berechnen und darstellen : Der Term Binewkt(n,x,k)/(binewkt(n,x,k+binewkt(n,p,k)) wird bei y7(x) abgespeichert, der Graph von y7 geplottet und der Computer zeigt das Maximum und berechnet die Koordinaten (siehe Bild).

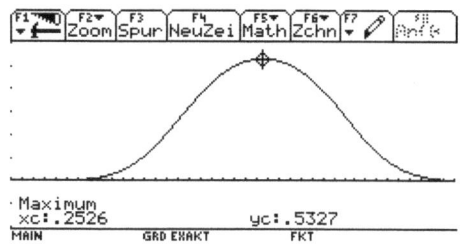

Anmerkung : Wer den sowohl im Zähler als auch im Nenner von $\frac{P_1}{P_1+P_2}$ und $\frac{P_2}{P_1+P_2}$ vorkommenden Binomialkoeffizienten weg kürzt, kann eine unangenehme Überraschung erleben, wenn das elektronische Hilfsmittel die Quotientenberechnung mit einer Fehlermeldung beendet. Die Erklärung liegt auf der Hand : $0,25^{1850} \cdot 0,75^{5474}$ ist so klein, dass der Taschenrechner die Potenzprodukte im Zähler und im Nenner auf 0 rundet und ein Quotient $\frac{0}{0}$ ist eben nicht definiert. Wenn das Berechnen der Binomialwahrscheinlichkeiten aber so programmiert ist, dass sich die beiden Tendenzen (Runden auf Null bei den Potenzen, Overflow beim Binomialkoeffizenten) kompensieren, kann man die Binomialwahrscheinlichkeit auch für einen solch großen Stichprobenumfang exakt ausrechnen. Das elektronische Hilfsmittel, das wir benutzen, sollte heutzutage diese Anforderungen erfüllen. Weitere Ausführungen dazu findet man in Wirths (1998) oder in Kapitel 9.

Am Beispiel dieser Aufgabe 3.5 kann ich darstellen, welche verschiedenen Möglichkeiten uns ein leistungsfähiges elektronisches Rechensystem bei diesem Problemfeld eröffnet, die es ohne solch ein Hilfsmittel nicht geben würde, die im früheren Unterricht zwar wünschenswert, aber leider nicht realisierbar waren :

1. Es dient als einfacher Taschenrechner (TR) zum Berechnen des Radius r der r·σ-Umgebung um den Mittelwert μ und der Standardabweichung σ. Wir lernen, dass wir uns einen klassischen Alternativtest mit seinen haarigen Interpretationsproblemen ersparen können.

2. Es dient als Taschenrechner, der erheblich mehr Möglichkeiten als ein herkömmlicher wissenschaftlicher TR hat, beim Auswerten von Alternativtests nach Bayes. Wir sehen, dass man beim Testen nach Bayes die Wahrscheinlichkeit von Hypothesen berechnen kann, und berechnen diese mit dem Hilfsmittel.

3. Es dient als graphikfähiger Taschenrechner (gTR) beim Visualieren komplizierter Terme
   a. beim Testen nach Bayes,
   b. beim Bestimmen von Konfidenzintervallen,
   c. beim Plotten von Sicherheitswahrscheinlichkeiten.
   Wir bekommen genügend Futter für Diskussionen und Entscheidungen.

4. Es dient als Computeralgebra-Taschencomputer (CA-TC) beim Berechnen von Konfidenzintervallen. Das CA-System sollte so leistungsfähig sein, dass bei Ungleichung-Fans Freude aufkommt, weil die bei diesen Rechnungen vorkommenden Betragsungleichungen sowohl graphisch als auch algebraisch gelöst werden können.

5. Es dient wie ein Graphik-Taschencomputer (GTC), der uns nach dem bekannten Satz von Hans Schupp zwingt, über die Darstellung des Rechners und mathematische Grundlagen nachzudenken. Hier liefert uns ein GTC vielfältiges Material und Anregungen für weitere interessante Überlegungen bis hin zu Forschungen.

4. Aufgaben zur Algebra

4.1 Einleitung

Es liegt nicht in der Absicht dieses Buchs, eine Antwort auf die bekannte Frage „Wie viele Termumformungen braucht der Mensch ?" zu versuchen. Hier möchte ich Möglichkeiten des CA-Systems und der graphischen Veranschaulichung vorstellen, so dass langsam, aber sicher ein gewisses Fingerspitzengefühl im Umgang mit dem Rechner entsteht, und der Anwender die Leistungsfähigkeit des Rechners erst einmal kennen lernt. Auf dieser Basis können Lesende später einmal versuchen, eine eigene Antwort zu finden. Die hier vorgestellten Aufgaben wurden ausgewählt, weil sie Vernetzungen zu anderen Gebieten innerhalb und außerhalb der Algebra besitzen. Die Aufgabe 6.2 aus der Analysis zum Heron-Verfahren kann mit den Teilen, die keine Kenntnisse in Analysis benötigen, auch hier eingeordnet werden. Kapitel 11 (Aufgabe von Perelman) kann hier in die Algebra eingeordnet werden.

4.2 Übungen im Koordinatensystem

4.2.1 Meine Initialen Der Taschencomputer soll meine Initialen („H W") zeichnen.

Lösung :

Alle Punkte sollen im ersten Quadranten des Koordinatensystems liegen. Den Buchstaben H bilden die Punkte A, B, C, D, E und F, den Buchstaben W die Punkte G, H, I, J und K. Für die Koordinaten dieser Punkte, die man aus einem handgezeichneten Koordinatensystem ablesen kann, gilt zum Beispiel : A = (1 | 1), B = (1 | 7), C = (1 | 4), D = (3 | 4), E = (3 | 1), F = (3 | 7), G = (4 | 7), H = (5 | 1), I = (6 | 4), J = (7 | 1) und K = (8 | 7).

Was das elektronische Hilfsmittel leisten muss :

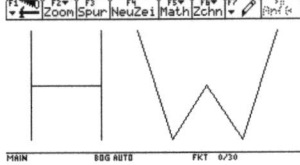

Eingabe der Daten in 4 Spalten/Listen, die ersten beiden für die beiden Koordinaten des ersten Buchstabens, die dritte und vierte für die beiden Koordinaten des 2. Einstellen als x-y-Linien-Graph für den ersten Buchstaben und für den 2 Buchstaben. Zeichnen der beiden Graphen, ggfs. Einstellen eines geeigneten Maßstabs.

4.2.2 Das Haus des Nikolaus :

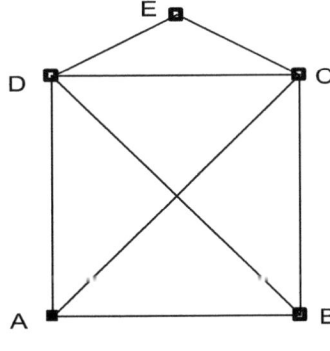

Das „Haus des Nikolaus" (siehe nebenstehendes Bild) habe die Eckpunkte A, B, C, D und E. Zeichnen Sie alle Seiten vom „Haus des Nikolaus" nach folgenden Regeln :

α. Alle Strecken im „Haus des Nikolaus" müssen hintereinander, ohne abzusetzen, gezeichnet werden.

β. Jede Strecke darf nur ein einziges Mal gezeichnet werden.

Lösung : Alle Punkte sollen im ersten Quadranten des Koordinatensystems liegen. Wir wählen : A = (1 | 1), B = (5 | 1), C = (5 | 5), D = (1 | 5) und E = (3 | 6). Die Strecken vom „Haus des Nikolaus" können wir von Anfangspunkt zum Endpunkt zum Beispiel in folgender Reihenfolge zeichnen : ABCEDCADB. Diese Punktfolge enthält neun Elemente. Damit werden also acht Strecken dargestellt. Beim Zeichnen mit Bleistift kann nachverfolgt werden, dass wir die obigen Regeln einhalten. Wer eine längere Punktfolge wählt, zeichnet mindestens eine Strecke mehrfach, bei einer kürzeren Folge zeichnet man nicht alle Strecken.

Was das elektronische Hilfsmittel leisten muss :

Eingabe der beiden Koordinaten in 2 Listen. Einstellen als x-y-Linien-Graph und Zeichnen des Graphen, ggfs. Einstellen eines geeigneten Maßstabs.

4.2.3 Ein Achteck :

a. Zeichnen Sie ein Quadrat ABCD. Verbinden Sie jede der vier Seitenmitten E, F, G und H mit den beiden Eckpunkten der ihr gegenüberliegenden Quadratseite. Es entstehen acht Strecken im Quadrat. Insgesamt erhalten Sie die auf der nächsten Seite abgebildete Figur. Im Innern entsteht ein Achteck mit den Eckpunkten I, J, K, L, M, N, O und P. Erzeugen Sie dieses Bild.
b. Stellen Sie alle Gleichungen für die Geraden auf, auf denen die acht Strecken liegen.
c. Bestimmen Sie die Koordinaten aller Eckpunkte des Achtecks. Untersuchen Sie, wie lang die Achteckseiten sind.
d. Untersuchen Sie, wie groß die Innenwinkel des Achtecks sind.

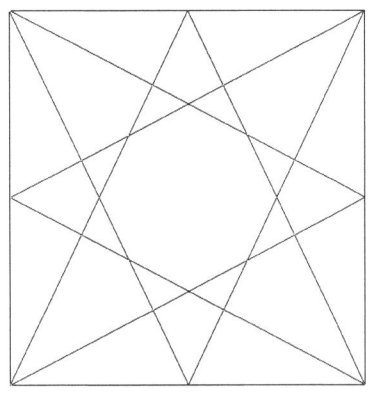

Lösung zu a :

Damit wir nicht mit Brüchen arbeiten müssen, wählen wir als Kantenlänge des Quadrats 60 Längeneinheiten. Alle Punkte sollen im ersten Quadranten des Koordinatensystems liegen : A = (0 | 0), B = (60 | 0), C = (60 | 60) und D = (0 | 60). Für die Mittelpunkte der Quadratseiten erhalten wir : E = (30 | 0), F = (60 | 30), G = (30 | 60) und H = (0 | 30). Wir können nun mit Papier und Bleistift das linke Bild erstellen. Wenn wir das in einem Zug ohne Absetzen zeichnen wollen, können wir zum Beispiel diese Reihenfolge wählen : ABCDAFDECHBGA. Mit dieser Punktfolge von 13 Elementen können 12 Strecken dargestellt werden. Beim Zeichnen mit einem Bleistift können wir nachvollziehen, dass wir die gesamte Figur in einem Zug, ohne abzusetzen, zeichnen können.

Lösung zu b : $g(A, F) : y_1 = \frac{1}{2}\cdot x$; $g(A, G) : y_2 = 2\cdot x$; $g(B, G) : y_3 = -2\cdot x + 120$;

$g(B, H) : y_4 = -\frac{1}{2}\cdot x + 30$; $g(C, E) : y_5 = 2\cdot x - 60$; $g(C, H) : y_6 = \frac{1}{2}\cdot x + 30$;

$g(D, E) : y_7 = -2\cdot x + 60$; $g(D, F) : y_8 = -\frac{1}{2}\cdot x + 60$.

Lösung zu c :

$g(A, F) \cap g(B, H)$ erzeugt I = (30 | 15) ; $g(A, F) \cap g(C, E)$ erzeugt J = (40 | 20) ;
$g(C, E) \cap g(B, G)$ erzeugt K = (45 | 30) ; $g(B, G) \cap g(D, F)$ erzeugt L = (40 | 40) ;
$g(D, F) \cap g(C, H)$ erzeugt M = (30 | 45) ; $g(A, G) \cap g(C, H)$ erzeugt N = (20 | 40) ;
$g(A, G) \cap g(D, E)$ erzeugt O = (15 | 30) ; $g(D, E) \cap g(B, H)$ erzeugt P = (20 | 20) .

Verbindet man benachbarte Eckpunkte des Achtecks und zeichnet die zugehörigen Steigungs-dreiecke, sieht man, dass die eine Kathete im Steigungsdreieck 5 Längeneinheiten, die andere 10 Längeneinheiten lang ist. Also sind alle Achteckseiten, die Hypotenusen in den Steigungs-dreiecken, gleich lang (Kongruenzsatz sws). Die Länge ist : $\sqrt{5^2 + 10^2} = \sqrt{125} = 5\cdot\sqrt{5}$.

Lösung zu d : Wir berechnen den Innenwinkel α bei I : Im Dreieck IJP sind die beiden Achteckseiten $\overline{IJ}$ und $\overline{PI}$ gleich lang, also gilt nach dem Kosinussatz : $\cos\alpha = \frac{2\cdot\overline{IJ}^2 - \overline{PJ}^2}{2\cdot|\overline{IJ}|^2} =$
$\frac{2\cdot 125 - 20^2}{2\cdot 125} = -\frac{150}{250} = -0,6$. Also gilt : $\alpha \approx 126,87°$. Damit ist das Achteck nicht regelmäßig; denn

in einem regelmäßigen Achteck sind alle Innenwinkel 6·180°:8 = 135° groß. Insgesamt vier Innenwinkel sind im Achteck so groß wie α. Wir berechnen den Innenwinkel β bei J :

Im Dreieck JKI sind die beiden Achteckseiten $\overline{IJ}$ und $\overline{KJ}$ gleich lang, also gilt nach dem Kosinussatz : $\cos β = \frac{2·\overline{IJ}^2 - \overline{PI}^2}{2·|\overline{IJ}|^2} = \frac{2·125 - 2·15^2}{2·125} = -\frac{200}{250} = -0{,}8$. Also gilt : $β ≈ 143{,}13°$. Die restlichen vier Innenwinkel des Achtecks sind so groß wie β. Es gilt : α + β = 270°. Was α an 135° fehlt, besitzt β zu viel. In der Summe der beiden Winkel gleicht es sich exakt aus.

Was das elektronische Hilfsmittel leisten muss :

Lösung zu a : Eingabe der Koordinaten in 2 Listen. Zeichnen des x-y-Linien-Graphen. Wir stellen die Graphik so ein, dass ein Quadrat und kein Rechteck gezeichnet wird.

Lösung zu b : Eingabe der Punkte A, B, C und D als Spaltenvektoren. Berechnung der Spaltenvektoren der 4 Mittelpunkte der Quadratseiten E, F, G und H. Berechnung der acht Geradengleichungen für $y_1, ..., y_8$: Entweder durch Berechnung der jeweiligen Steigung m und des jeweiligen Achsenabschnitts b im Kopf und Eintragen und Abspeichern als $y_1, ..., y_8$. Wer 8 gleichartige Rechnungen ausführen will, sollte das mit möglichst geringem Aufwand machen. Es geht um 4 Befehle. 1 Befehl : Den Ortsvektor des einen Punkts unter P1 abspeichern. 2. Befehl : Den des zweiten unter P2. 3. Befehl : Unter m wird der Quotient aus zwei Differenzen abgespeichert, also Differenz der 2. Koordinaten von P1 und P2 dividiert durch Differenz der ersten Koordinaten. 4. Befehl : Der Term m·x + 2.Koordinate von P1 - m·1.Koordinate von P1 wird unter y1(x) abgespeichert. Diese 4 Befehle werden 7 mal wieder aktiviert/eingeladen. Es sind bei jeder Wiederholung nur 2 Änderungen erforderlich : Ein Punkt muss geändert werden und die Ziffer an y wird um 1 heraufgesetzt. Und es ist immer der Punkt, den ich in diesem Schritt beibehalten habe, der im nächsten Schritt durch einen anderen ersetzt werden muss.

Lösung zu c : Eingabe : Löse der Gleichung y1(x) = y4(x) nach x zur Berechnung der x-Koordinate des Schnittpunkts. Die 2. Koordinate berechnen wir mit y1(antw(1)), wobei antw(1) die soeben berechnete x-Koordinate ist. Danach analog der Reihe nach für die anderen Geradenschnittpunkte. Mit $\sqrt{5\char`\^2 + 10\char`\^2}$ die Streckenlänge ausrechnen lassen.

Lösung zu d : Eingabe : $\text{Cos}^{-1}((2*125-20\char`\^2)/(2*125))$, $\text{Cos}^{-1}((2*125-15\char`\^2)/(2*125))$ zur Berechnung der beiden uns interessierenden Winkel (als Winkelmaß Grad einstellen !).

4.3 Terme
4.3.1 Die Restfläche aus zwei Quadraten :
Aus einem Quadrat der Kantenlänge a wird ein Quadrat mit der Kantenlänge b (b < a) herausgeschnitten. Stellen Sie verschiedene Möglichkeiten vor. Stellen Sie möglichst unterschiedliche Terme zur Berechnung der Restfläche. Zeigen Sie, dass diese Terme äquivalent sind.

Lösung : - $a^2 - b^2$

- $a·(a - b) + b·(a - b)$. Die linke untere Ecke haben beide Quadrate gemeinsam.
- $4·\frac{a + b}{2}·\frac{a - b}{2}$. Wir denken uns 4 Trapeze.
- $a·(a - b) + 2·b·\frac{a - b}{2}$. Wir denken uns eine symmetrische U-Form.
- $2·a·\frac{a - b}{2} + 2·b·\frac{a - b}{2}$. Anstelle der vier Trapeze denken wir uns vier Rechtecke.

Was das elektronische Hilfsmittel leisten muss :

Wir geben alle Terme ein. Der Taschencomputer erleichtert uns die Arbeit, faktorisiert die Terme und zeigt uns so, dass alle vier Terme gleichwertig/äquivalent sind. Das sollten Lernende aber auch bereits ohne Rechner erkennen und herleiten können. Hier geht es vorrangig um den Umgang mit Termäquivalenzen als Lernen für nicht so anschauliche Situationen. Mit anderen Termen können wir das Ausmultiplizieren/Entwickeln und das Faktorisieren üben, damit wir diese Rechnerroutinen bei anderen Anwendungen sicher beherrschen.

4.3.2 Differenz von zwei Quadratzahlen :

a. Untersuchen Sie, welche natürlichen Zahlen $z > 1$ sich als Differenz von zwei verschiedenen Quadraten a^2 und b^2 darstellen lassen, für die also gilt : $z = a^2 - b^2$ mit $a^2 > b^2$.

b. Untersuchen Sie, unter welchen Voraussetzungen $a, b \in \mathbb{N}$ gilt.

Lösung zu a : Es gilt : $a^2 - b^2 = (a+b) \cdot (a-b) = c \cdot d = z$ mit $a + b = c \wedge a - b = d$. c und d können wir als Faktoren interpretieren, deren Produkt die gegebene Zahl z ergibt. Wir können a und b aus c und d berechnen : $a = \frac{c+d}{2} \wedge b = \frac{c-d}{2}$. Aus der trivialen Faktorzerlegung z = z·1 erhalten wir immer $z = \left(\frac{z+1}{2}\right)^2 - \left(\frac{z-1}{2}\right)^2$. Bei ungeraden Zahlen z ist es immer die Differenz der Quadrate von aufeinanderfolgenden natürlichen Zahlen. Insbesondere haben alle Primzahlen außer 2 nur diese Darstellung. Wir können so viele verschiedene Darstellungen als Differenz von Quadratzahlen erzeugen, wie wir unterschiedliche Faktorzerlegungen zu je zwei Faktoren erstellen können.

Lösung zu b : Wir machen eine Fallunterscheidung :
1. z sei ungerade.
   Dann sind die Faktoren in jeder Faktorzerlegung zu zwei Faktoren ungerade. Da die Summe zweier ungerader Zahlen wie deren positive Differenz immer gerade ist, sind in diesem Fall a und b immer natürliche Zahlen.
2. z sei durch 4 teilbar. Dann können wir die beiden Faktoren so wählen, dass beide gerade Zahlen sind. Da die Summe wie die Differenz zweier gerader Zahlen wieder gerade ist, sind in diesem Fall a und b immer natürliche Zahlen.
3. Bei allen geraden Zahlen, die nur durch 2, aber nicht durch 4 teilbar sind, sind a und b keine natürlichen Zahlen, welche Faktorzerlegung wir auch immer wählen.

Beispiele : $105 = 105 \cdot 1 \Rightarrow 53^2 - 52^2 = 105 \quad 105 = 35 \cdot 3 \Rightarrow 19^2 - 16^2 = 105$
$105 = 21 \cdot 5 \Rightarrow 13^2 - 8^2 = 105 \qquad\qquad 105 = 15 \cdot 7 \Rightarrow 11^2 - 4^2 = 105$

Was das elektronische Hilfsmittel leisten muss :

Zuerst soll der Rechner das Gleichungssystem (a+b=c and a-b=d) nach a und b auflösen. Mit den beiden Lösungen (c+d)/2 und (c-d)/2 definieren wir eine neue Funktion qdiff (Quadratdifferenz) mit den beiden Variablen c und d. ((c+d)/2)^2-((c-d)/2)^2 ist der definierende Term für qdiff, den wir als qdiff(c,d) abspeichern. Wir lassen unsere Beispielzahl 105 faktorisieren und erhalten 3·5·7. Nun bilden wir im Kopf alle Möglichkeiten, 105 als Produkt von 2 Faktoren darzustellen, setzen der Reihe nach diese 2 Faktoren in qdiff ein und lassen uns die Ergebnisse anzeigen. Also qdiff(105,1), qdiff(35,3), qdiff(21,5), qdiff(15,7). Der Rechner zeigt in allen Fällen 105 als Ergebnis an. Wenn wir jedoch wissen wollen, welche Quadratbasen a und b in den einzelnen Fällen vorkommen, dann müssen wir in das obige Gleichungssystem Werte für c und d einsetzen, also eine Eingabe machen wie a = (c+d)/2 and b = (c-d)/2, dabei c = 35 und d = 3 einsetzen, mit dem Ergebnis a = 19 und b = 16. Analog in den restlichen drei Fällen.

4.3.3 Ein Abzählproblem :

In einer Liga spielen n Mannschaften (n > 0).

a. Wie viele Spiele müssen insgesamt stattfinden, wenn alle Mannschaften mit Hin- und Rückspiel gegeneinander spielen ? Stellen Sie mehrere verschiedene Terme auf.

b. Stellen Sie die Gesamtzahl der Spiele in Abhängigkeit von n graphisch dar.

c. Eine Sportzeitung meldet, dass in einer Liga insgesamt 220 Spiele gespielt werden müssen. Untersuchen Sie, ob diese Meldung korrekt ist.

d. In einer Liga mit 20 Mannschaften wird eine Vorrunde gespielt, bei der jede Mannschaft nur einmal gegen jede andere antritt. Danach wird mit Hin- und Rückspiel in einer Meisterschaftsgruppe mit 12 Teams und in einer Relegationsgruppe mit 8 Teams gespielt. Untersuchen Sie, ob diese Lösung gegenüber einer Saison mit je einem Hin- und Rückspiel Spiele erspart.

Lösung zu a :

- $n^2 - n$. In einer quadratischen Liste stehen alle Spieltermine. In der Eingangszeile und in der Eingangsspalte stehen alle Mannschaften. Kein Team spielt gegen sich selbst, in der Diagonalen von oben links nach unten rechts sind keine Einträge.

- $n \cdot (n-1)$. Jede der n Mannschaften hat n – 1 Heimspiele. Die Auswärtsspiele sind Heimspiele der anderen Mannschaften. In der quadratischen Liste der vorigen Lösung streichen wir die nicht belegten Diagonalelemente. Dann stehen in jeder der n Spalten n - 1 Spieltermine.

- $2 \cdot (n-1) + 2 \cdot (n-2) + \ldots + 2 \cdot 2 + 2 \cdot 1$. Wir betrachten die erste Mannschaft. Sie spielt zweimal gegen die übrigen n - 1 Mannschaften. Bei der nächsten Mannschaft kommen zweimal n - 2 Spiele hinzu; denn die beiden Spiele gegen die erste Mannschaft sind bereits im ersten Summanden berücksichtigt. ... Bei der drittletzten Mannschaft kommen noch zweimal zwei Spiele gegen die beiden letzten Mannschaften hinzu, bei der vorletzten noch zwei Spiele gegen die letzte.

Alle diese Terme sind gleichwertig (äquivalent). Mit jedem der drei Vorschläge kann man die korrekte Anzahl aller Spiele berechnen. Der Beweis der Äquivalenz der ersten beiden Terme ist offensichtlich. Zum Beweis der Äquivalenz des dritten Terms mit den beiden anderen können wir die Geschichte vom kleinen Gauß und seiner Aufgabe, die Summe aller natürlichen Zahlen von 1 bis 100 zu errechnen, in den Unterricht einbeziehen.

Lösung zu b : Dieser Graph sei Lesenden zur Übung anvertraut.

Lösung zu c : $220 = n^2 - n \Leftrightarrow (n - 0,5)^2 = 220,25 \Leftrightarrow n = 0,5 + \sqrt{220,25} \vee n = 0,5 - \sqrt{220,25} \Leftrightarrow n = 15,34\ldots \vee n = -14,34\ldots$. Negative Lösungen kommen hier nicht in Frage, sondern nur natürliche Zahlen. Die Meldung kann nicht korrekt sein, da keine der beiden Lösungen eine natürliche Zahl ist. Würde die Zeitung eine ungerade Zahl als Gesamtzahl aller Spiele angeben, wäre dies auch ohne Rechnung offensichtlich; denn für jede natürliche Zahl n ist entweder n oder (n – 1) eine gerade Zahl. Das Produkt $n \cdot (n - 1)$ ist daher immer gerade.

Lösung zu d : Bei einer Hinrunde mit 20 Mannschaften wären $20 \cdot 19 = 380$ Spiele bei Hin- und Rückspiel erforderlich, also 190 Spiele, da eine einfache Hinrunde ohne Rückspiele durchgeführt wird. In der Meisterrunde müssen $12 \cdot 11 = 132$ Spiele und $8 \cdot 7 = 56$ in der Abstiegsrunde stattfinden, insgesamt also 188 Spiele. Man spart zwei Spiele bei dieser Lösung.

Was das elektronische Hilfsmittel leisten muss :

Lösung zu a : Wir definieren eine Folge zahl(n) mit dem definierenden Term n*(n-1), eine zweite Folge zahl1(n) mit dem definierenden Term 2*Σ(i,i,1,n-1) und lassen beide Terme faktorisieren bzw. ausmultiplizieren/entwickeln.

Lösung zu b : Wir lassen die Folge zahl(n) in einem geeigneten Maßstab plotten sowie je eine Wertetafel für zahl(n) und zahl1(n) erstellen.

Lösung zu c : Löse die Gleichung zahl(n) = 220 nach n, wobei n > 0 sein muss. Die Lösung n einmal exakt, zum anderen als Dezimalzahl ausgeben lassen.

Lösung zu d : Es gibt 2 Möglichkeiten :

Entweder zahl(20)/2-zahl(12)-zahl(8) oder 20*19/2-12*11-8*7 ausrechnen lassen.

Weitere Anregungen für Terme mit dem TC findet man zum Beispiel in Lehmann (1999).

4.4 Springbrunnen

In der Mitte eines kreisförmigen Springbrunnens sind auf einer kleinen Halbkugel Düsen angebracht, aus denen Wasser in einem bestimmten Winkel α gegenüber der Horizontalen und mit einer bestimmten Geschwindigkeit v austritt.

a. Zeigen Sie, dass die Wasserteilchen einer Fontäne sich auf Parabelbahnen bewegen.

Die Düsen werden in Winkeln von 15° bis 75° in Stufen von jeweils 15° eingestellt. Über den Durchmesser der Düsen wird die Austrittsgeschwindigkeit des Wassers geregelt.

b. Untersuchen Sie, wie die Austrittsgeschwindigkeiten bei den einzelnen Düsen gewählt werden müssen, damit alle Fontänen nach genau 10 m wieder auftreffen.

c. Untersuchen Sie, wie hoch die höchste Fontäne spritzt.

d. Zeichnen Sie alle Fontänen.

e. Wir setzen voraus, dass die Winkel für die Düsen kontinuierlich zwischen 0° und 90° verstellt werden können, und dass bei allen das Wasser mit der gleichen Geschwindigkeit v ausströmt. Bei welchem Winkel spritzt die Fontäne am weitesten ?

Lösung zu a :

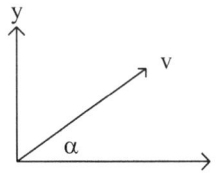

Wir verknüpfen Mathematik und Physik. Ein aus der Düse austretendes Teilchen gehorcht den Gesetzen des schiefen Wurfes. Dabei überlagern sich die verschiedenen Bewegungsarten unabhängig voneinander, sie stören sich nicht gegenseitig. Wir zerlegen die Gesamtbewegung in eine Bewegung in x-Richtung (horizontal) und eine in y-Richtung, die senkrecht zur x-Richtung verläuft. In x-Richtung führt das Wasserteilchen eine gleichförmige Bewegung durch, für die gilt : $x(t) = v \cdot \cos(\alpha) \cdot t$. In y-Richtung ist es die Zusammensetzung aus einer gleichförmigen Bewegung nach oben und einer gleichmäßig beschleunigten Bewegung (freier Fall) nach unten, für die gilt : $y(t) = v \cdot \sin(\alpha) \cdot t - 0{,}5 \cdot g \cdot t^2$, wobei g die Fallbeschleunigung mit $g \approx 9{,}81 \, \frac{m}{s^2}$ ist. Die in x- wie auch in y-Richtung zurückgelegten Wege sind abhängig von der Zeit t. $(x(t) \mid y(t))$ stellt zu jedem Zeitpunkt t den Ort in einem x-y-Koordinatensystem dar, an dem sich das Wasserteilchen befindet. Alle diese Punkte bilden die Bahnkurve des Wasserteilchens. Lösen wir die Gleichung $x = v \cdot \cos(\alpha) \cdot t$ nach t auf, folgt $t = \dfrac{x}{v \cdot \cos(\alpha)}$. Setzen wir dies in die Gleichung $y = v \cdot \sin(\alpha) \cdot t - 0{,}5 \cdot g \cdot t^2$ ein, erhalten wir :

$$y = v \cdot \sin(\alpha) \cdot \frac{x}{v \cdot \cos(\alpha)} - 0{,}5 \cdot g \cdot \frac{x}{v \cdot \cos(\alpha)} \cdot \frac{x}{v \cdot \cos(\alpha)} = \tan(\alpha) \cdot x - \frac{g}{2 \cdot v^2 \cdot \cos^2(\alpha)} \cdot x^2.$$ Zu dieser

Gleichung gehört als Graph eine nach unten geöffnete Parabel.

Lösung zu b : Der Graph der Parabel besitzt zwei Nullstellen : $x = \dfrac{2 \cdot \sin(\alpha) \cdot \cos(\alpha) \cdot v^2}{g}$ sowie $x = 0$. Für eine Weite 10 m benötigt man eine Geschwindigkeit v , für die in Abhängigkeit vom Winkel α gilt : $10 = \dfrac{2 \cdot \sin(\alpha) \cdot \cos(\alpha) \cdot v^2}{g} \Rightarrow v(\alpha) = \sqrt{\dfrac{5 \cdot g}{\sin(\alpha) \cdot \cos(\alpha)}}$ für $0° < \alpha < 90°$.

Lösung zu c : Das Maximum der Fontäne liegt (Achsensymmetrie der Parabel !) genau in der Mitte zwischen den beiden Nullstellen bei $x = \dfrac{\sin(\alpha) \cdot \cos(\alpha) \cdot v^2}{g}$. Für die y-Koordinate des

Maximums gilt : $y_{max} = \dfrac{\sin(\alpha)}{\cos(\alpha)} \cdot \dfrac{\sin(\alpha) \cdot \cos(\alpha)}{g} \cdot v^2 - \dfrac{1}{2} \cdot \dfrac{g}{v^2 \cdot \cos^2(\alpha)} \cdot \dfrac{\sin^2(\alpha) \cdot \cos^2(\alpha) \cdot v^4}{g^2} =$

$\dfrac{\sin^2(\alpha)}{g} \cdot v^2 - \dfrac{1}{2} \cdot \dfrac{\sin^2(\alpha)}{g} \cdot v^2 = \dfrac{\sin^2(\alpha) \cdot v^2}{2 \cdot g}$. Bei einer Fontäne, die 10 m weit spritzt, gilt :

$y_{max} = \dfrac{\sin^2(\alpha)}{2 \cdot g} \cdot \dfrac{5 \cdot g}{\sin(\alpha) \cdot \cos(\alpha)} = \dfrac{5}{2} \cdot \tan(\alpha)$. Der Tangens steigt für $0° < \alpha < 90°$ streng monoton, die Düse spritzt mit dem Neigungswinkel 75° am höchsten. Für $\alpha = 75°$ gilt : $y_{max} \approx 9{,}33$ m.

Man kann die Stelle des relativen Maximums, bei dieser Parabel absolutes Maximum, auch mit Routinen der Analysis bestimmen. Ich ziehe die hier benutzten elementaren Überlegungen vor.

Lösung zu d : Wir erhalten eine Funktionsschar in parametrisierter Form mit dem Winkel α als Parameter : $x_\alpha(t) = \sqrt{\dfrac{5 \cdot g}{\sin(\alpha) \cdot \cos(\alpha)}} \cdot \cos(\alpha) \cdot t = \sqrt{\dfrac{5 \cdot g}{\tan(\alpha)}} \cdot t$ und

$y_\alpha(t) = \sqrt{\dfrac{5 \cdot g}{\sin(\alpha) \cdot \cos(\alpha)}} \cdot \sin(\alpha) \cdot t - 0{,}5 \cdot g \cdot t^2 = \sqrt{5 \cdot g \cdot \tan(\alpha)} \cdot t - 0{,}5 \cdot g \cdot t^2$

Lösung zu e : Die zweite Nullstelle gibt an, wie weit die Fontäne spritzt. Wenn g und v konstant sind, ergibt sich die größte Weite aus dem Maximum des Produkts $\sin(\alpha) \cdot \cos(\alpha)$. Es gilt : $\sin(\alpha) \cdot \cos(\alpha) = \sin(\alpha) \cdot \sqrt{1 - \sin^2(\alpha)} = \sqrt{\sin^2(\alpha) - \sin^4(\alpha)} = \sqrt{\sin^2(\alpha) \cdot (1 - \sin^2(\alpha))}$. Wenn der Radikand maximal ist, ist auch der Wert der Wurzel maximal. Für $0° \leq \alpha \leq 90°$ hat der Radikand zwei doppelte Nullstellen bei $\alpha = 0°$ und bei $\alpha = 90°$. $\sin^4(\alpha)$ ist immer kleiner oder gleich $\sin^2(\alpha)$, die Differenz $\sin^2(\alpha) - \sin^4(\alpha)$ ist nie negativ. Aus Symmetriegründen folgt, dass das Maximum von $\sin(\alpha) \cdot \cos(\alpha)$ bei $\alpha = 45°$ liegt und einen Maximalwert von 0,5 besitzt.

Was das elektronische Hilfsmittel leisten muss :

Lösung zu a : Für eine Parameterdarstellung wird $v \cdot \cos(a) \cdot t$ unter $xt1(t)$ und $v \cdot \sin(a) \cdot t - 0{,}5 \cdot g \cdot t^2$ bei $yt1(t)$ abgespeichert. Lasse die Gleichung $x = xt1(t)$ nach t auflösen, setze die Lösung $t = \dfrac{x}{v \cdot \cos(a)}$ bei $yt1(t)$ ein, speichere das Ergebnis als $y1(x)$ ab und lasse den Rechner die explizite Gleichung von $y1$ anzeigen. Die Parameterdarstellung wird mit dem elektronischen Hilfsmittel dargestellt und sollte auch per Animation veranschaulicht werden können.

Lösung zu b : Löse die Gleichung $0 = y1(x)$ nach x auf. Evtl. müssen wir das vom TC angezeigte Ergebnis interpretieren, vereinfachen und Teile der Darstellung löschen. Löse die Gleichung

$10 = \dfrac{2 \cdot \sin(a) \cdot \cos(a) \cdot v^2}{g}$ nach v auf. Das Ergebnis müssen wir interpretieren, vereinfachen und

alles Überflüssige bis auf $v = \sqrt{\dfrac{5 \cdot g}{\sin(a) \cdot \cos(a)}}$ löschen. Dieser Term wird als ge(a,g) abgespei-

chert. Wir setzen den uns bekannten Wert für die Fallbeschleunigung g auf der Erde ein (9,81) und lassen uns eine Wertetafel für ge(a, 9.81) erstellen, wobei wir für a die Werte 15, 30, 45, 60 und 75 einsetzen, also von 15 als Startwert aus im 15er Abstand voranschreiten. Wir können uns dazu noch den Graphen von ge zeichnen lassen.

Lösung zu c : Bei y1(x) setzen wir für x den Wert $\dfrac{\sin(a) \cdot \cos(a) \cdot v^2}{g}$, für den sie ihr Maximum

erreicht, ein und speichern den resultierenden Term als weit(a,v,g) ab. Dann setzen wir für v

den Term $\sqrt{\dfrac{5 \cdot g}{\sin(a) \cdot \cos(a)}}$ ein, für den sie 10 m weit spritzen soll. Evtl. müssen wir in das

angezeigte Ergebnis noch einmal $v = \sqrt{\dfrac{5 \cdot g}{\sin(a) \cdot \cos(a)}}$ einsetzen und erhalten eine einfache Dar-

stellung. Zum Abschluss berechnen wir die Lösung für a = 75 (größer Winkel).

Lösung zu d : Um eine Funktionsschar in Parameter-Form mit dem Winkel a als Parameter zu

erstellen, lassen wir den Computer $v= \sqrt{\dfrac{5 \cdot g}{\sin(a) \cdot \cos(a)}}$ in xt1(t) und danach in yt1(t) einsetzen.

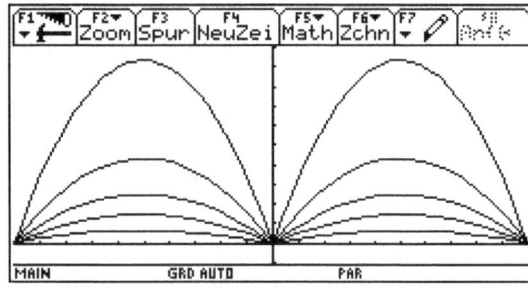

In beiden Computer-Antworten muss man den Tangens als Quotient aus Sinus und Kosinus erkennen und die beiden Terme wie oben in der Rechnung vereinfachen. Wir müssen den Parametermodus einstellen und alle bisher definierten Funktionen deaktivieren. Dann geben wir die Parameterdarstellungen

$xt4 = \sqrt{\dfrac{5 \cdot 9.81}{\tan(\{15, 30, 45, 60, 75\})}} \cdot t$, $yt4 = \sqrt{5 \cdot 9.81 \cdot \tan(\{15, 30, 45, 60, 75\})} \cdot t - 0{,}5 \cdot 9.81 \cdot t^2$, $xt5 =$

-xt4(t), yt5 = yt4(t) ein und lassen uns diese Graphen (siehe Bild) zeichnen. Mit den Cursortasten können wir die Graphen abtasten, verfolgen und uns Koordinaten anzeigen lassen.

Lösung zu e : Die zweite Nullstelle $x = \dfrac{2 \cdot \sin(\alpha) \cdot \cos(\alpha) \cdot v^2}{g}$ (Das Wasser erreicht wieder das

Becken) hat bei konstanter Ausflussgeschwindigkeit des Wassers v und konstanter Fallbeschleunigung g den größten Abstand von der ersten Nullstelle x = 0. Das Wasser spritzt aus der Düse für den Winkel α, für den $\sin(\alpha) \cdot \cos(\alpha)$ maximal wird. Also speichern wir $\sin(a) \cdot \cos(a)$ mit a als Variable für Winkelgrößen im Gradmaß als y3 ab, lassen den Graph für a zwischen 0 und 90 zeichnen, fahren ihn mit dem Cursor ab, sehen, wo das Maximum ist, und bestimmen mit den Rechnerroutinen die genaue Lage des Maximums : a = 45 und y = 0.5.

5. Aufgaben zur Geometrie

5.1 Einleitung

Ein Computer-Algebrasystem kann Termumformungen übernehmen, Gleichungen/Ungleichungen lösen sowie Formeln umgestalten. Damit kann der Benutzer Herleitungen und Beweise führen. Eine Kurvendiskussion alten Stils ist nicht mehr angebracht, da der Graph nicht erst als Endprodukt einer intensiven Untersuchung entsteht, sondern sofort auf Knopfdruck vorhanden ist. Die Auswirkungen dynamischer Geometrie-Systeme (DGS) erscheinen dagegen weniger tiefgreifend. Ein DGS erweist sich mehr als unterstützendes Medium. Die einzelnen Konstruktionsschritte zum Beispiel von Cabri Geomètre oder Euklid/Dynageo entsprechen denen, die man auch im traditionellen Mathematikunterricht mit Zirkel und Lineal durchführt. Daher kann ein TC mit DGS zum Veranschaulichen und Entdecken von geometrischen Zusammenhängen genutzt werden und so Anregungen zum Begründen und Beweisen liefern.

Beim Umgang mit einem DGS modifizieren wir das in 1.3 beschriebene Vorgehen. Nachdem wir uns an einer Planfigur die Verhältnisse und Zusammenhänge klar gemacht und uns die Folge der Konstruktionsschritte überlegt haben, fangen wir sofort an, mit dem TC die Konstruktion auszuführen. In 5.3 nutzen wir die Möglichkeiten, die uns der Taschencomputer bietet, um uns langsam an eine exakte Konstruktion mit Zirkel und Lineal heranzutasten. In Kapitel 12 findet ein Ausflug in die Welt der Fraktale statt.

Es gibt gute Anleitungen zum Einsatz von der dynamischer Geometriesoftware, aus denen weitere Anregungen geschöpft werden können. Kapitel 4 in Wirths (2019) enthält Untersuchungen an einem Achteck und kann wie die hier vorgeführten Probleme benutzt werden.

5.2. Konstruktionen an einem Dreieck

Aufgabe : Zeichnen Sie ein Dreieck.
a. Untersuchen Sie, ob sich die drei Mittelsenkrechten schneiden.
b. Untersuchen Sie, ob sich die drei Winkelhalbierenden schneiden.
c. Untersuchen Sie, ob sich die drei Seitenhalbierenden schneiden.
d. Untersuchen Sie, ob sich die drei Höhen schneiden.
e. Untersuchen Sie, welche der Schnittpunkte auf der Eulerschen Geraden liegen.

Was das elektronische Hilfsmittel leisten muss :

Wir konstruieren zuerst ein Dreieck ABC, das wir unter „dreieck1" abspeichern. Entsprechend können wir weitere Kopien als „dreieck2", „dreieck3", „dreieck4" und „dreieck5" für die anderen Aufgaben abspeichern, um nicht immer ganz von vorne beginnen zu müssen. Ich speichere gerne noch eine Kopie in ein Verzeichnis, das vom Geometrieprogramm nicht benutzt wird, sozusagen als Sicherheitsreserve.

Lösung zu a : Die Konstruktion des Schnittpunkts bedarf der Konstruktion von wenigstens zwei Mittelsenkrechten. Eine Mittelsenkrechte erfüllt zwei Bedingungen : Sie steht senkrecht auf einer Dreieckseite und sie geht durch den Mittelpunkt dieser Seite. Um eine zweite Mittelsenkrechte zu konstruieren, brauchen wir nur wieder zwei Punkte zu wählen und den Befehl ausführen zu lassen; meist bleibt ein einmal gewählter Befehl solange aktiv, bis zu einem anderen Befehl gewechselt wird. Wählen wir die Punkte A und C, um die zweite Mittelsenkrechte einzeichnen zu lassen. Dann lassen wir das Programm den Schnittpunkt der beiden Mittelsenkrechten bestimmen und markieren. Wir können mit dem DGS genau so arbeiten wie mit Zirkel und Lineal. Aber Achtung : Bei händischen Konstruktionen markieren wir den Schnittpunkt, benennen ihn und arbeiten dann weiter. Beim Computer ist das anders. Wir müssen ihm erst beibringen, dass uns der Schnittpunkt interessiert. Dafür müssen wir auf das

Schaltelement „Schnittpunkt" klicken, die beiden Objekte markieren, deren Schnittpunkt uns interessiert. Erst danach kennt der Computer diesen Punkt und kann genau mit ihm in weiteren Konstruktionsschritten arbeiten. Nun wollen wir alle Orte einzeichnen lassen, die der Schnittpunkt einnimmt, wenn wir z.B. den Dreieckseckpunkt C an alle möglichen Orte der Zeichenfläche ziehen, das Dreieck also allen möglichen Veränderungen unterwerfen. Die Orte, in denen sich der Schnittpunkt der Mittelsenkrechten befindet, also die Spurpunkte, lassen wir vom Computer markieren. Wenn wir genügend viele Spurpunkte für den Schnittpunkt der beiden Mittelsenkrechten gewonnen haben, erhalten wir den Eindruck, dass sich der Schnittpunkt der beiden Mittelsenkrechten auf der dritten Mittelsenkrechten bewegt. Dies können wir bestätigen, indem wir die dritte Mittelsenkrechte wie oben beschrieben konstruieren.

Der Schnittpunkt der drei Mittelsenkrechten liegt gleich weit von den drei Dreieckseckpunkten entfernt. Er ist der Mittelpunkt des Umkreises, den wir jetzt konstruieren. Nun können wir wieder das Dreieck in alle möglichen Lagen bringen, indem wir an einer Dreiecksseite oder an einem Eckpunkt ziehen. Wenn der Umkreis immer bei allen Lagen, die das Dreieck einnimmt, durch alle Eckpunkte geht, war unsere Konstruktion korrekt.

Zum Abschluss wollen wir ein Makro erstellen, mit dem wir bei einem gegebenen Dreieck den Schnittpunkt der Mittelsenkrechten konstruieren können, ohne dass Hilfslinien das Bild stören, also nur das gegebene Dreieck und den Schnittpunkt der Mittelsenkrechten zeigt. Solche Makros sind wichtige Hilfen für spätere Konstruktionen, in denen der Schnittpunkt der Mittelsenkrechten benötigt wird. Auf die gleiche Art und Weise können wir auch ein Makro erstellen, mit dessen Hilfe bei einem gegebenen Dreieck der Umkreis gezeichnet wird, das nur das gegebene Dreieck und den Umkreis zeigt.

Lösung zu b : Die Konstruktion des Schnittpunkts der Winkelhalbierenden bedarf der Konstruktion von wenigstens zwei Winkelhalbierenden. Wir konstruieren zwei und lassen den Schnittpunkt markieren. Man kann sich leicht klarmachen, dass das Verfahren, die Spurpunkte dieses Schnittpunkts wie bei den Mittelsenkrechten aufzuzeichnen, nicht zur dritten Winkelhalbierenden führt. Daher konstruieren wir die dritte Winkelhalbierende wie oben beschrieben. Der Schnittpunkt der Winkelhalbierenden ist gleich weit von allen drei Schenkeln der Innenwinkel entfernt. Er ist daher der Mittelpunkt des Inkreises. Vom Schnittpunkt fällen wir das Lot auf eine Dreieckseite. Die Strecke vom Schnittpunkt der Winkelhalbierenden bis zum Schnittpunkt des Lots mit der Dreieckseite ist der Radius des Inkreises. Wir konstruieren den Inkreis. Nun können wir wieder das Dreieck in alle möglichen Lagen bringen, indem wir an einer Dreiecksseite oder an einem Eckpunkt ziehen. Wenn der Inkreis dann immer alle Dreieckseiten berührt, war unsere Konstruktion korrekt. Wir blenden alle konstruierten Objekte aus, die wir zur Konstruktion benötigt haben, aber der besseren Übersichtlichkeit wegen nicht mehr zeigen wollen, so dass nur noch das Ausgangsdreieck ABC, der Schnittpunkt der Winkelhalbierenden, der Schnittpunkt des Lots vom Inkreismittelpunkt zur Seite c und der Inkreis zu sehen sind. Wir können auch hier ein Makro erstellen, das aus dem gegebenen Dreieck den Schnittpunkt der Winkelhalbierenden konstruiert und der besseren Übersichtlichkeit wegen alle zur Konstruktion erforderlichen Hilfslinien weglässt. Und natürlich auch ein Makro, dass zu einem gegebenen Dreieck den Inkreis zeichnet und als Ergebnis nur das Dreieck und den Inkreis zeigt.

Lösung zu c : Die Konstruktion des Schnittpunkts bedarf der Konstruktion wenigstens zweier Seitenhalbierenden. Eine Seitenhalbierende erfüllt zwei Bedingungen : Sie geht durch den Mittelpunkt einer Dreieckseite und sie geht durch den dieser Seite gegenüberliegenden Eckpunkt des Dreiecks. Zuerst konstruieren wir die Mittelpunkte der drei Dreiecksseiten, danach zwei

Seitenhalbierende und deren Schnittpunkt. Man kann sich leicht klarmachen, dass das Verfahren, die Spurpunkte dieses Schnittpunkts wie bei den Mittelsenkrechten aufzuzeichnen, nicht zur dritten Seitenhalbierenden führt. Daher konstruieren wir die dritte Seitenhalbierende wie oben beschrieben. Jetzt können wir wie in den vorigen Aufgaben beschrieben an einem Punkt ziehen, das Dreieck verändern und beobachten, welche unterschiedlichen Lagen der Schnittpunkt der Seitenhalbierenden einnimmt.

Wir können ein Makro erstellen, das aus dem gegebenen Dreieck den Schnittpunkt der Seitenhalbierenden konstruiert und der besseren Übersichtlichkeit wegen alle zur Konstruktion erforderlichen Hilfslinien weglässt. Oder ein Makro, dass zum gegebenen Dreieck nur die drei Seitenmitten zeigt.

Lösung zu d : Die Konstruktion des Höhenschnittpunkts erfordert die Konstruktion der Höhenlinien. Eine Höhenlinie erfüllt zwei Bedingungen : Sie steht senkrecht auf einer Dreieckseite und geht durch den dieser Seite gegenüberliegenden Eckpunkt des Dreiecks. Wir konstruieren die Höhenlinien und deren Schnittpunkt.

Wir können ein Makro erstellen, das aus dem gegebenen Dreieck den Höhenschnittpunkt konstruiert und der besseren Übersichtlichkeit wegen alle zur Konstruktion erforderlichen Hilfslinien weglässt.

Wir konstruieren den Schnittpunkt von zwei Höhenlinien und fixieren ihn. Warum erhalten wir die dritte Höhenlinie nicht wie bei den Mittelsenkrechten als Spur des Höhenschnittpunkts bei Verzerrung (Bewegung eines Dreieckpunkts) des Dreiecks in alle möglichen Lagen ?

Lösung zu e : Zuerst aktivieren wir alle Makros, die wir benutzen wollen. Wir wählen aus Liste der Makros nacheinander auf : Das Makro für den Umkreismittelpunkt, das für den Schnittpunkt der Seitenhalbierenden und das für den Höhenschnittpunkt und führen zum gegebenen Dreieck ABC alle diese Makros aus. Wir ziehen mit den Cursortasten einen Eckpunkt des Dreiecks, zum Beispiel den Punkt C, in alle möglichen Lagen. Dabei beobachten wir, wie sich die Lage der drei Schnittpunkte ändert, und erhalten den Eindruck, dass sie immer auf einer Geraden liegen. Wir zeichnen diese sogenannte Euler-Gerade, ein. Nun beobachten wir, wie sich die Euler-Gerade bewegt, wenn wir das Dreieck durch Ziehen an einer Seite oder an einem Eckpunkt in alle möglichen Lagen bringen.

Wir können auch den Inkreismittelpunkt markieren lassen und beobachten, wie er sich bei allen Veränderungen des Dreiecks verhält, und sehen, dass er nicht auf der Euler-Geraden liegt.

Eine weitere interessante Entdeckung können wir machen, wenn wir den Mittelpunkt der Strecke vom Umkreismittelpunkt U zum Höhenschnittpunkt H bestimmen, und um diesen Mittelpunkt einen Kreis zeichnen lassen, dessen Radius halb so lang wie der Umkreisradius ist. Dies ist der sogenannte Feuerbach-Kreis.

5.3 Ein Achteck

a. Zeichnen Sie ein Quadrat ABCD. Verbinden Sie jede der vier Seitenmitten E, F, G und H mit den beiden Eckpunkten der ihr gegenüberliegenden Quadratseite. Im Quadrat entstehen acht Strecken. Insgesamt erhalten sie die auf der folgenden Seite abgebildete Figur. Im Innern entsteht ein Achteck mit den Eckpunkten I, J, K, L, M, N, O und P.
Zeichnen Sie dieses Bild mit dem Geometrie-Tool.

b. Untersuchen Sie, ob das Achteck regelmäßig ist.

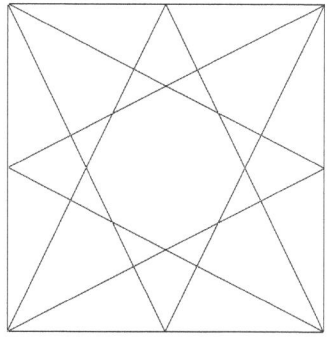

Lösung zu a : Die Konstruktion wird direkt mit dem Geometrie-Werkzeug erstellt und unten beschrieben. Ansonsten orientieren wir uns am linken Bild.

Lösung zu b : Hier gehe ich davon aus, dass wir eine gute Konstruktion mit den üblichen Zeichengeräten erstellt haben. Zwei Bedingungen müssen gemeinsam erfüllt sein, damit das Achteck regelmäßig ist : 1. Alle acht Seiten müssen gleich lang sein. 2. Alle acht Innenwinkel müssen gleich groß (kongruent) sein.

Strategien :

Strategie 1. Strecken und Winkel ausmessen.

Wenn man die Streckenlängen ausmisst, erhält man : Alle acht Seiten des Achtecks sind gleich lang (kongruent). Das ist Anlass zur Erinnerung : Beim Viereck gibt es zwei Typen, bei denen alle Seiten gleich lang sind : Das Quadrat ist ein regelmäßiges Viereck und die Raute ist ein nicht-regelmäßiges Viereck. Daher reicht die Eigenschaft, dass alle Strecken gleich lang sind, nicht aus, um die Frage nach der Regelmäßigkeit zu lösen. Schon beim Ausmessen von zwei benachbarten Innenwinkeln des Achtecks wird deutlich, dass sie verschieden groß sind. Damit ist durch Ausmessen geklärt, dass das Achteck nicht regelmäßig ist.

Strategie 2. Kreis um den Schnittpunkt der Quadratdiagonalen zeichnen.

Es wird ein Kreis um den Schnittpunkt der Quadratdiagonalen gezeichnet, auf dessen Rand vier der acht Eckpunkte liegen. Die übrigen vier liegen entweder weiter außen oder weiter innen, je nachdem, an welchen Eckpunkten man sich beim Kreisradius orientiert hat.

Strategie 3. Bestimmen der Größe der Innenwinkel.

Ausgangspunkt der Überlegungen zur Größe der Innenwinkel sei die folgende Figur 1 :

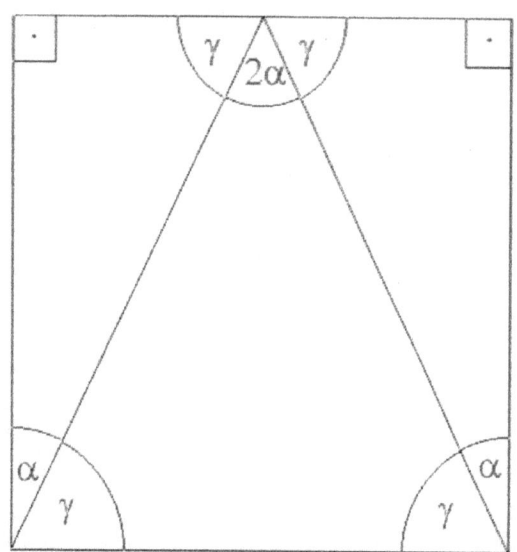

Unter den neun in Figur 1 eingezeichneten Winkeln sind zwei rechte Winkel. Vier Winkel, alle γ genannt, sind kongruent, ebenso sind zwei andere mit α bezeichnete Winkel kongruent. Wir nutzen die Symmetrien in der Figur und den Satz über Wechselwinkel an geschnittenen Parallelen aus. Interessant für mich als Lehrender ist immer wieder die Beobachtung, wie Lernende die Größe des Winkels zwischen den beiden Strecken bestimmen, die am Mittelpunkt der oberen Quadratseite ausgehen und zu den gegenüberliegenden Eckpunkten führen. Die Größe beträgt 2α. Drei Strategien kommen vor : Zum einen der Satz über die Winkelsumme der Innenwinkel im Dreieck, zum anderen die Tatsache, dass am Mittelpunkt der oberen Quadratseite ein gestreckter Winkel ist sowie zum dritten die Sicht des halben Winkels als Wechselwinkel von α durch Einzeichnen oder Denken einer Parallelen zur rechten oder linken Quadrat-seite. Wenn wir die genauen Größen der Winkel wissen wollen, muss die Größe eines Winkels bekannt sein. Nehmen wir zum Beispiel das Maß von α. In Klasse 10 können wir α berechnen und erhalten α = arctan(0,5) ≈ 26,6°. In Klasse 7 jedoch müssen wir α ausmessen und können die Größen der anderen fünf Winkel berechnen. Auch den Zusammenhang zwischen α und γ sehen wir : $\gamma = 90° - \alpha$.

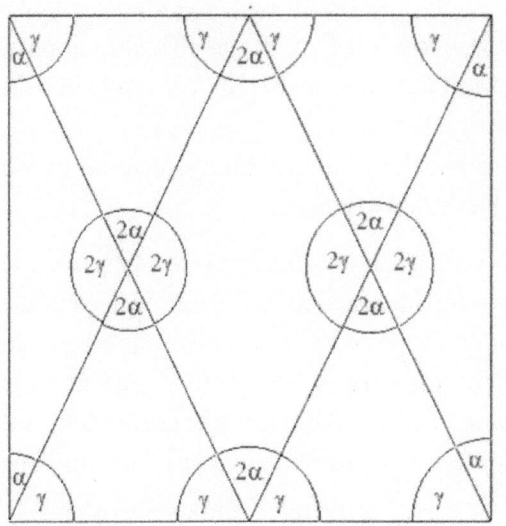

Als nächstes ergänzen wir Figur 1 um ein zweites Dreieck, dessen Spitze der Mittelpunkt der unteren Quadratseite ist. Wir erhalten Figur 2. Dort tragen wir alle Winkel ein, die nach unseren bisherigen Erkenntnissen zu α, γ oder 2α kongruent sind. Dann können wir acht gleich große Winkel mit γ, vier andere untereinander kongruente mit α sowie vier weitere Winkel mit 2α bezeichnen. Interessant sind die vier verbleibenden Winkel um die zwei Schnittpunkte mitten im Bild, die alle gleich groß sind. Algebraisch orientierte Lernende werden die Größe jeweils zu $180° - 2\alpha$ angeben. Wer wie in Figur 1 eine waagerechte Hilfslinie zieht oder sie sich denkt, erhält 2γ als Größe für diese Winkel. Beide Beschreibungen sind äquivalent. Wir können die gesamte Figur auch um 90° drehen oder gedreht denken. Wir erhalten so genug Informationen über die Winkel des Achtecks. Vier dieser Winkel, und zwar die, deren Scheitel am weitesten rechts, links, oben oder unten liegen, sind gleich groß, nämlich $2\gamma \approx 126,9°$. Bei einem regelmäßigen Achteck müssen alle Innenwinkel gleich groß sein, also $6 \cdot 180° : 8 = 135°$. Damit können wir bereits begründen, dass das Achteck nicht regelmäßig ist. Für die vier verbleibenden Innenwinkel des Achtecks bleiben rund 572,4° übrig. Jeder einzelne ist also rund 143,1° groß. Diese vier Winkel sind daher fast 8,1° größer als 135°. Genau dieses Maß fehlt den vier anderen.

Weitere interessante Informationen über Winkel in der gesamten Figur erhält man, wenn man die folgende Figur 3 betrachtet : Zunächst trägt man alle aus Figur 1 bekannten Winkel, die zu α, γ oder 2α kongruent sind, ein. In der linken unteren Ecke entsteht ein Winkel β, für den $\beta = 90° - 2\alpha \approx 36,8°$ gilt. Aus $\alpha + \gamma = 90°$ erschließt man die acht rechten Winkel in den beiden Geradenkreuzungen mitten in der Zeichnung.

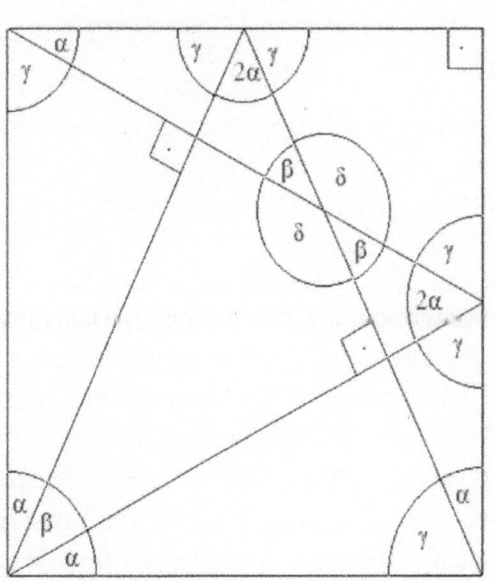

An der dritten Geradenkreuzung kommt δ vor. Er ist ein Innenwinkel des Achtecks. Da wir Figur 3 um 90°, 180° sowie um 270° drehen können, wissen wir, dass die restlichen 4 Innenwinkel des Achtecks alle kongruent zu δ sind. $\delta = 360° - 90° - 90° - \beta = 180° - (90° - 2\alpha) = 90° + 2\alpha$. Alternativ : $\delta = 360° - 2\gamma - 90° = 360° - 90° - 2 \cdot (90° - \alpha) = 90° + 2\alpha \approx 143,1°$, was wir bereits mit anderen Überlegungen erhalten haben. Nun steht einer Analyse der restlichen Winkel in der gesamten Figur nichts mehr im Weg. Diese Analyse und auch die Entdeckung, dass es zwei verschiedene Typen von rechtwinkligen Dreiecken und auch von Drachen gibt, soll Lesenden als weitere Vertiefung überlassen bleiben.

Was das elektronische Hilfsmittel leisten muss :

Lösung zu a : Wir zeichnen das Quadrat. Es lohnt sich, ein Makro dafür vorher anzulegen und jetzt auszuführen, danach die Mittelpunkte der Quadratseiten konstruieren. Die Punkte werden benannt, die Eckpunkte mit A, B, C und D, die Mittelpunkte mit E, F, G und H. So haben wir die Ausgangsfigur (siehe unteres Bild) für weitere Untersuchungen erstellt. Wir speichern das Ausgangsbild ab. Entsprechend können wir weitere Kopien abspeichern.

Ich speichere gerne auch noch eine Kopie in einen Ordner, der vom Geometrieprogramm nicht benutzt wird, sozusagen als Sicherheitsreserve, man kann ja nie wissen.

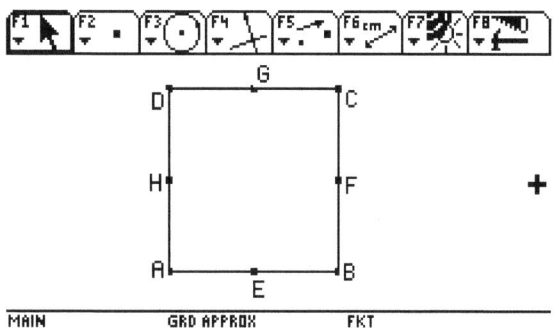

Wir vervollständigen das Bild und zeichnen alle 8 Strecken, die uns interessieren. Wir sehen im Bild, wo sich diese Strecken schneiden, insbesondere sehen wir die acht Eckpunkte des Achtecks. Damit der Taschencomputer diese Eckpunkte kennt, müssen wir sie von ihm markieren lassen. Wir erhalten auf diese Weise das links abgedruckte Bild.

Lösung zu b : Nun müssen wir die Streckenlängen und Winkelgrößen vom Taschencomputer ausmessen lassen. Das zugehörige Bild mit der Längenangabe für die Strecke von I nach J und die von J nach K sowie für den Innenwinkel bei I und den bei J wird rechts unten abgedruckt. g(A, F) ∩ g(B, H) erzeugt I; g(A, F) ∩ g(C, E) erzeugt J ; g(C, E) ∩ g(B, G) erzeugt K.

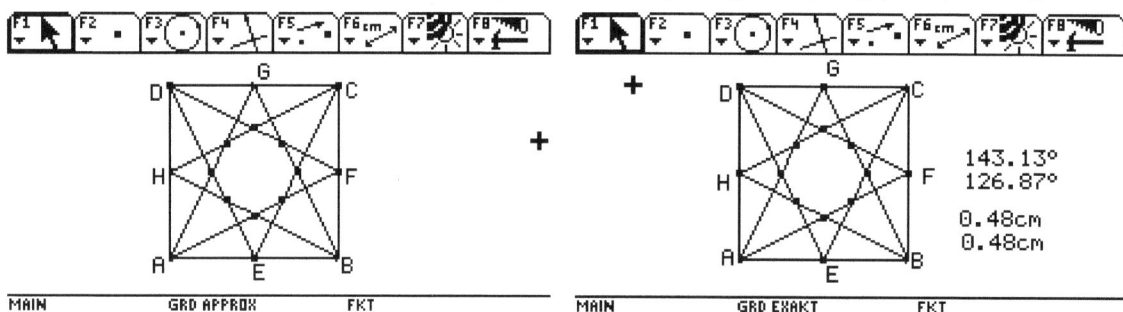

5.4 Der größte Sehwinkel

Aufgabe :

Ein Herrenhaus mit einer schönen Fassade steht abseits einer Straße. Ein Photograph stellt fest, dass er es mit seiner Ausrüstung nur von der Straße aus fotografieren kann. An welcher Stelle der Straße muss er sich aufstellen, damit das Bild des Hauses möglichst groß wird ?

Was das elektronische Hilfsmittel leisten muss :

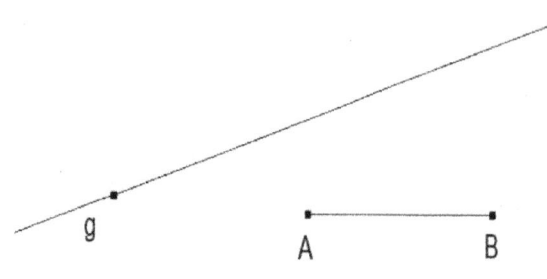

Zuerst zeichnen wir die Ausgangsfigur (siehe Bild). Also eine Strecke mit den Endpunkten A und B und danach eine Gerade g, die keinen Punkt mit der Strecke gemeinsam hat. Ich kopiere dieses Bild sofort in einen anderen Ordner, auf den das Geometrieprogramm keinen Zugriff hat, so dass ich es bei Bedarf umbenennen und zurück kopieren kann, um bei Fehlern oder weiteren Konstruktionen wieder mit der gleichen Ausgangsfigur beginnen zu können.

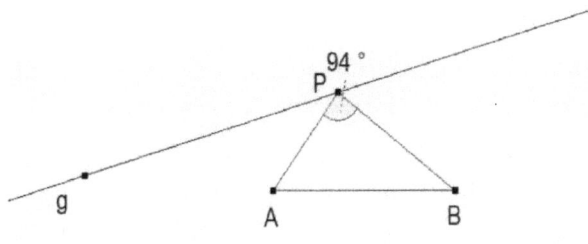

1. Ansatz : Wir probieren aus.

Wir legen jetzt einen Punkt P auf der Geraden fest, den wir auf der Geraden bewegen wollen, und stellen die Winkelmessung so ein, dass wir den Winkel messen, der P als Scheitelpunkt hat und dessen Schenkel die Strecken von P nach A und von P nach B sind. Wir bewegen P auf der Geraden hin und her und beobachten die Anzeige der Winkelgröße des Winkels ∢APB. Im Bild wird die Lage mit dem (experimentell festgestellten) größten Winkel angezeigt.

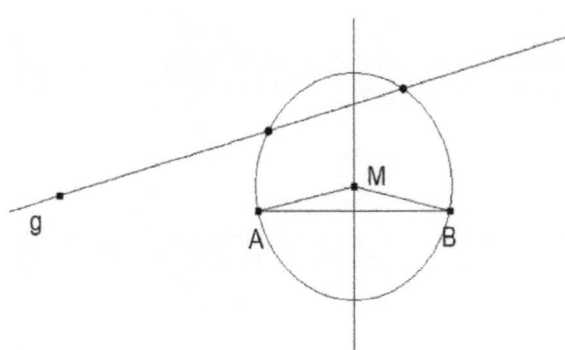

2. Ansatz : Wir experimentieren.

Links und rechts von der Stelle mit dem größten Sehwinkel liegen gleich große Winkel, die aber kleiner als der Maximalwinkel sind. Wir fragen uns, auf welcher Ortslinie liegen alle Winkel, unter denen man die Strecke $\overline{AB}$ unter gleich großen Winkeln sehen kann, und erinnern uns an den Randwinkelsatz. Also zeichnen wir einen Kreis, dessen Sehne die Strecke $\overline{AB}$ ist. Alle Mittelpunkte dieser Kreise liegen auf der Mittelsenkrechten der Strecke $\overline{AB}$. Wir laden ein neues Bild „sehwinkel" ein, das nur die im ersten Bild gezeichneten Objekte enthält. Insgesamt erhalten wir das auf der vorigen Seite dargestellte Bild. (Sollte der Kreis nicht als exakter Kreis erscheinen, liegt es an meiner Einstellung von Länge und Breite des Graphikfensters für den Einbau in diesen Text !)

Nun benutzen wir die Dynamik der dynamischen Geometrie-Software (DGS). Wir fahren mit dem Cursor zum Mittelpunkt M des Kreises und ziehen den Mittelpunkt nach oben und nach unten auf der Mittelsenkrechten und beobachten dabei den Mittelpunktwinkel. Wir können dies noch unterstützen, indem wir uns die Größe des Mittelpunktwinkels anzeigen lassen. Wir reflektieren unsere Beobachtungen :

Beim 1. Versuch wurde experimentell die Lage des Punktes P auf der Geraden g bestimmt, von dem aus die Strecke $\overline{AB}$ unter dem größtmöglichen Sehwinkel zu beobachten ist. Auch wenn wir hier das DGS mit seinen dynamischen Möglichkeiten eingesetzt haben, ist dies für mich noch keine mathematische Lösung. Die mathematische Lösung beginnt für mich mit der Frage nach dem Ort aller Punkte, von denen aus ich die Strecke unter gleichen Winkeln einsehen kann. Unter diesem Gesichtspunkt erhalte ich auch eine Antwort auf die beim ersten Versuch gemachte Beobachtung. Dort haben wir gesehen, dass neben dem Punkt mit dem größtmöglichen Winkel immer links und rechts jeweils ein Punkt liegen, unter denen ich die Strecke unter gleichem, aber kleineren als dem größtmöglichen Winkel einsehen kann. Dies sind die Schnittpunkt des Kreises, dessen Sehne die Strecke $\overline{AB}$ ist, mit der Geraden g. Der zweite Versuch führt zu einer anderen Beobachtung. Lasse ich den Kreismittelpunkt M im obigen Bild immer mehr an die Strecke $\overline{AB}$ heranrücken, dann rücken die beiden Schnittpunkte mit der Geraden immer mehr zusammen. Der Mittelpunktwinkel wird immer größer und damit auch der Randwinkel ∢APB, der ja nur halb so groß wie der zugehörige Mittelpunktwinkel ∢AMB ist. Dies gilt auch dann, wenn der Kreis keine Schnittpunkte mit g mehr hat.

Folgerung : Wenn die Gerade g Tangente dieses Kreises ist, dann besitzt der Berührpunkt von Kreis und Gerade genau die gesuchte Eigenschaft.

Wir überlegen nicht weiter, ob wir das Verändern des Kreises durch eine zentrische Streckung erzeugen können. Wir benutzen den Tangentensatz, einen Spezialfall des Sekantensatzes. Der Tangentensatz lautet : $\overline{SP}^2 = \overline{SA} \cdot \overline{SB}$, wobei S der Schnittpunkt der Geraden durch A und B mit der Geraden g und P der Berührpunkt der Geraden g mit dem Kreis ist. Wir haben es mit einem typischen Problem der Griechen zu tun, der Verwandlung eines Rechtecks in ein flächengleiches Quadrat. Diese Aufgabe lösen wir mit Hilfe des Kathetensatzes von Euklid, bei dem $\overline{SB}$ die Hypotenuse, $\overline{SA}$ der Hypotenusenabschnitt und $\overline{SP}$ die Kathete über dem Hypotenusenabschnitt ist. Wir zeichnen also den Thaleskreis über $\overline{SB}$, errichten die Höhe in A auf $\overline{SB}$ und der Schnittpunkt von Höhe und Thaleskreis ist P. Nun müssen wir nur noch einen Kreis um S mit Radius $\overline{SP}$ zeichnen. Die Schnittpunkte dieses Kreises mit g sind die gesuchten Punkte, von denen man aus $\overline{AB}$ unter dem größtmöglichen Winkel sehen kann.

3. Ansatz : Wir konstruieren mit Zirkel und Lineal und konzentrieren uns auf Wesentliches. Wir laden ein neues Bild, das nur die im ersten Bild gezeichneten Objekte enthält. Die Schritte der Konstruktion des Punktes P ∈ g, unter dem man die Strecke $\overline{AB}$ unter einem größtmöglichen Sehwinkel sieht, sind :

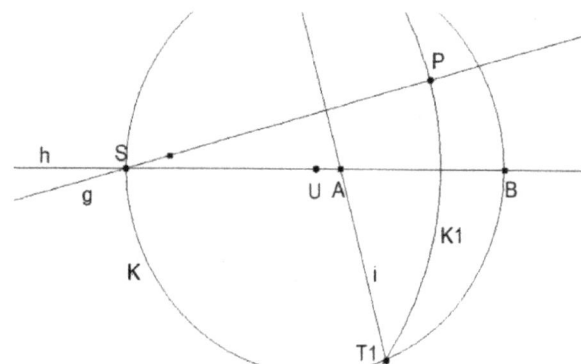

1. Die Gerade durch A und B nennen wir h.
2. Wir konstruieren den Schnittpunkt S von h und g.
3. Wir konstruieren den Mittelpunkt der Strecke $\overline{SB}$ und nennen ihn U.
4. Wir zeichnen einen Kreis K um U mit dem Radius $\overline{UB}$.
5. Wir zeichnen eine Gerade i, die senkrecht auf h steht und durch A geht.
6. Die Gerade i und der Kreis K schneiden sich in den Punkten T_1 und T_2.
7. Wir zeichnen einen Kreis K_1 um S mit dem Radius $\overline{ST_1}$.
8. Der Kreis K_1 schneidet die Gerade g in den Punkten P und P'.

Damit ist die exakte Konstruktion des Punktes P ∈ g, unter dem man die Strecke AB unter größtmöglichen Sehwinkel sieht, abgeschlossen. Das Zeichnen von Geraden, von Mittelpunkten von Strecken bereits konstruierter Eckpunkte, von Kreisen um bereits konstruierte Mittelpunkte und Radien als Abstand bereits konstruierter Punkte sowie von Senkrechten zu bereits konstruierten Geraden durch bereits konstruierte Punkte, das alles sind einfache Grundkonstruktionen, die mit Zirkel und Lineal ausgeführt werden können, die das DGS auch genauso ausführt. Damit ist die Aufgabe gelöst, eine exakte Konstruktion zu erstellen.

6. Aufgaben zur Analysis

6.1 Einleitung

Der Taschencomputer verändert den Charakter der traditionellen Kurvendiskussion. An ihre Stelle kann ein mehr experimenteller Umgang mit Funktionsgraphen und Kurven treten. Dabei treten Kurvenscharen stärker als bisher in den Blickpunkt. Ein Beispiel wurde in 4.3 bereits vorgestellt. Die Möglichkeiten des Taschencomputers beim numerischen und symbolischen Rechnen lassen den Kalkülaspekt in den Hintergrund treten. Dafür sind Anwendungs- und Problemaufgaben möglich, deren Behandlung bisher wegen numerischer oder algebraischer Schwierigkeiten scheiterte. Inzwischen liegt zur Analysis eine Fülle an interessanten fachdidaktischen Veröffentlichungen vor.

6.2 Das Heron-Verfahren

a. Informieren Sie sich über algebraische und geometrische Aspekte des Heron-Verfahrens.

b. Die Gleichung $x_{n+1} = \frac{1}{2} \cdot (x_n + \frac{a}{x_n})$ beschreibt das Heron-Verfahren zur Bestimmung von $\sqrt{a}$ für $a > 0$. Zeigen Sie, dass $\sqrt{a}$ Fixpunkt dieser Gleichung ist.

c. Untersuchen Sie, welche Eigenschaft die Folge $\langle x_n \rangle$ hat, wenn der Startwert x_0 die Bedingung $x_0^2 > a$ erfüllt.

d. Das Heron-Verfahren ist ein Spezialfall des Newtonschen Näherungsverfahrens. Zeigen Sie, dass man aus $x_{n+1} = x_n - \frac{f(x_n)}{f'(x_n)}$ mit $f'(x_n) \neq 0$ und $n \in \mathbb{N}$ bei der Funktionsschar f_a mit $f_a(x) = x^2 - a$, $a \geq 0$, $a \in \mathbb{R}$, die Rekursionsgleichung auf die Form $x_{n+1} = \frac{1}{2} \cdot (x_n + \frac{a}{x_n})$ bringen kann.

Lösung zu a : Eine gute Darstellung findet man zum Beispiel in Elemente (2003) auf den Seiten 17/18 oder auch im Internet.

Lösung zu b : Gibt es ein $x \in \mathbb{R}$, $x > 0$, so dass $x = \frac{1}{2} \cdot (x + \frac{a}{x})$ Fixwert der Folge ist ?

$x = \frac{1}{2} \cdot (x + \frac{a}{x}) \Leftrightarrow 2 \cdot x = x + \frac{a}{x} \Leftrightarrow x = \frac{a}{x} \Leftrightarrow x^2 = a \Rightarrow x = \sqrt{a}$, weil $x > 0$ sein soll.

Lösung zu c : Wählen wir einen positiven Startwert x_0 mit $x_0^2 > a$, dann ist $x_0 > \sqrt{a}$. Das zweite Folgenglied $x_1 = \frac{a}{x_0}$ ist wegen $x_0 > \sqrt{a}$ kleiner als $\sqrt{a}$ und als Quotient zweier positiver Zahlen auch positiv. Insgesamt erhalten wir für $\sqrt{a}$ die Schachtelung : $x_1 < \sqrt{a} < x_0$.

Das nächste Folgenglied x_2 ist arithmetisches Mittel aus x_0 und x_1. x_2 ist als arithmetischer Mittelwert von zwei positiven Zahlen wieder positiv. x_2 ist kleiner als x_0, weil $x_1 < x_0$ ist. $\sqrt{a}$ ist geometrisches Mittel aus x_1 und x_0. x_2 ist größer als $\sqrt{a}$, weil das arithmetische Mittel $\frac{a+b}{2}$ zweier verschiedener Zahlen a und b immer größer als das geometrische Mittel $\sqrt{a \cdot b}$ dieser Zahlen ist. Der Beweis wird am Ende dieser Teilaufgabe geführt. Wir erhalten ein neues, kleineres Intervall um $\sqrt{a}$ mit $x_1 < \sqrt{a} < x_2$.

Das nächste Folgenglied $x_3 = \dfrac{a}{x_2}$ ist kleiner als $\sqrt{a}$, da $x_2 > \sqrt{a}$ ist. Darüber hinaus ist x_3 > x_1, weil $x_3 = \dfrac{a}{x_2}$, $x_1 = \dfrac{a}{x_0}$ und $x_2 < x_0$. x_3 ist als Quotient zweier positiver Zahlen ebenfalls positiv. Wir erhalten wiederum ein kleineres Intervall mit $x_3 < \sqrt{a} < x_2$.

Dann berechnen wir wieder zuerst x_4 als arithmetisches Mittel aus x_3 und x_2, $x_5 = \dfrac{a}{x_4}$ und setzen dies Verfahren beliebig fort. Alle Folgenglieder sind positiv. Die Folgenglieder mit den geraden Indizes bilden eine streng monoton fallende Teilfolge und sind größer als $\sqrt{a}$, die Folgenglieder mit den ungeraden bilden eine streng monoton steigende Teilfolge und sind kleiner als $\sqrt{a}$. Die Intervalle werden immer kleiner, alle enthalten $\sqrt{a}$.

Beweis, dass das arithmetische Mittel $\dfrac{a+b}{2}$ zweier verschiedener Zahlen a und b immer größer als das geometrische Mittel $\sqrt{a \cdot b}$ dieser Zahlen ist :

$$\frac{a+b}{2} > \sqrt{a \cdot b} \iff a + b > 2 \cdot \sqrt{a \cdot b} \iff a - 2 \cdot \sqrt{a \cdot b} + b > 0 \iff \left(\sqrt{a} - \sqrt{b}\right)^2 > 0$$

Lösung zu d :

$$x_{n+1} = x_n - \frac{x_n^2 - a}{2 \cdot x_n} = \frac{x_n \cdot 2 \cdot x_n - (x_n^2 - a)}{2 \cdot x_n} = \frac{2 \cdot x_n^2 - x_n^2 + a}{2 \cdot x_n} = \frac{x_n^2 + a}{2 \cdot x_n} = \frac{1}{2} \cdot (x_n + \frac{a}{x_n})$$

Was das elektronische Hilfsmittel leisten muss :

Lösung zu b : Fixwertberechnung durch Lösen der Gleichung $x = 0.5 \cdot (x + \dfrac{a}{x})$ nach x. Die Rechnerausgabe muss sinnvoll interpretiert und vereinfacht werden, schließlich sollte der Radikand a nicht-negativ sein. Das teilen wir dem Taschencomputer mit und machen einen neuen Versuch mit a > 0. Das Ergebnis ist dann schon einfacher zu lesen und zu verstehen. Wir wollen aber nur mit positiven Zahlen arbeiten. Das teilen wir dem Taschencomputer mit, machen einen dritten Versuch mit zusätzlichem x > 0 und erhalten das gewünschte Ergebnis.

Lösung zu c : Wir setzen a = 3, könnten aber auch genauso gut mit jeder anderen Belegung für a arbeiten, die zu einer nicht-trivialen Wurzel führt.

Wir lassen den Rechner (x+3/x)/2 für x=3 und danach für das errechnete Ergebnis 2 ausrechnen. Dann wiederholen wir diese Operation mit dem jeweils letzten berechneten Ergebnis solange, bis die gewünschte Genauigkeit erreicht ist.

Wir variieren unser Vorgehen und speichern (x+3/x)/2 als heron(x) ab, berechnen heron(3) und danach immer wieder heron(ans(1)), wobei ans(1) das zuletzt ausgegebene Ergebnis ist.

Lösung zu d (über das Newtonsche Näherungsverfahren) : Zuerst allgemein für a > 0 :
Wir definieren eine Funktion fu(x) durch x^2-a und eine Funktion heron(x) durch x-fu(x)/d(fu(x),x). Dann lassen wir uns den konkreten Funktionsterm vom Rechner ausrechnen.

Und jetzt für a = 3: 3 wird als a abgespeichert. Wir lassen uns den Funktionsterm von heron(x) für a = 3 anzeigen, setzen dann 3 für x ein, lassen uns das Ergebnis ausrechen, das wir dann unter x abspeichern. Und wiederholen heron(x) und abspeichern des Ergebnisses unter x, bis die gewünschte Genauigkeit erreicht ist.

Wenn wir eine Intervallschachtelung mit dem Heronverfahren erstellen wollen, gehen wir folgendermaßen vor : Als Initialisierung wird 3 als r und als b abgespeichert. Dann folgen die Befehle : r/b wird unter a, (a+b)/2 unter b abgespeichert und wir lassen uns das Intervall [a, b] anzeigen. Das wiederholen wir solange, bis die gewünschte Genauigkeit erreicht ist.

6.3 Der schnellste Weg

Aufgabe : Ein Ruderer befindet sich auf einem See im Punkt A und hat den Abstand 2 km zum nächsten Ufer. Der Fußpunkt des Lotes von A zum Ufer sei B. In C ist das nächste Haus. Es liegt am Ufer 6 km von B entfernt. Der Ruderer möchte möglichst schnell das Haus in C erreichen. Die Rudergeschwindigkeit beträgt 3 km pro Stunde, zu Fuß kann er 5 km pro Stunde zurücklegen.

a. Untersuchen Sie, wie lange es dauert, wenn er von A direkt nach C rudert. Vergleichen Sie mit der Zeit für den Weg von A über B nach C.

b. Untersuchen Sie, welchen Punkt D am Ufer zwischen B und C der Ruderer ansteuern soll, damit er möglichst schnell von A nach C gelangt.

c. Beantworten Sie die Probleme aus a und b für einen Sportler, der mit einer Geschwindigkeit von 12 Kilometer pro Stunde rudert und mit 15 Kilometer pro Stunde joggt.

d. Beantworten Sie das Problem aus b für den Fall, dass das Haus von C aus gesehen 4 km im Landesinneren senkrecht von Ufer aus gemessen liegt.

Lösung :

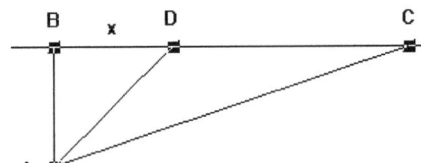

Bei einer Bewegung mit der konstanten Geschwindigkeit v wird in der Zeit t der Weg s zurückgelegt. Es gilt : $s = v \cdot t$ $\Leftrightarrow t = \frac{s}{v}$. In dieser Aufgabe werden Wege in Kilometer, Geschwindigkeiten in Kilometer pro Stunde eingegeben. Daher ergeben sich Zeiten in Stunden. v_1 sei die Geschwindigkeit im Wasser, v_2 sei die Geschwindigkeit zu Lande. t_1 ist die Zeit für den direkten Weg auf dem Wasser von A nach C, t_2 ist die Zeit für den Weg auf dem Wasser von A nach B und dann auf dem Land von B nach C, t_3 ist die Zeit für den Weg auf dem Wasser von A nach D und auf dem Land von B nach C. Es

gilt : $t_1 = \dfrac{\sqrt{2^2 + 6^2}}{v_1}$ mit $v_1 > 0 \dfrac{km}{h}$, $t_2 = \dfrac{2}{v_1} + \dfrac{6}{v_2}$ mit $v_1, v_2 > 0 \dfrac{km}{h}$,

$t_3 = \dfrac{\sqrt{2^2 + x^2}}{v_1} + \dfrac{6 - x}{v_2}$ mit $0 \leq x \leq 6$ und $v_1, v_2 > 0 \dfrac{km}{h}$.

Von $t_3(x)$ bilden wir die erste Ableitung $t_3'(x) = \dfrac{1}{v_1} \cdot \dfrac{1}{2} \cdot \left(2^2 + x^2\right)^{-\frac{1}{2}} \cdot 2x - \dfrac{1}{v_2}$. Für die Nullstelle

von t_3' gilt : $0 = \dfrac{x}{v_1 \cdot \sqrt{4 + x^2}} - \dfrac{1}{v_2} \Leftrightarrow x = \dfrac{v_1}{v_2} \cdot \sqrt{4 + x^2} \Rightarrow x^2 = \left(\dfrac{v_1}{v_2}\right)^2 \cdot (4 + x^2) \Leftrightarrow$

$(*) \left(1 - \left(\dfrac{v_1}{v_2}\right)^2\right) \cdot x^2 = 4 \cdot \left(\dfrac{v_1}{v_2}\right)^2 \Leftrightarrow x^2 = \dfrac{4 \cdot \left(\dfrac{v_1}{v_2}\right)^2}{1 - \left(\dfrac{v_1}{v_2}\right)^2} \Rightarrow x = \dfrac{2 \cdot \left(\dfrac{v_1}{v_2}\right)}{\sqrt{1 - \left(\dfrac{v_1}{v_2}\right)^2}}$ $(**)$

$(**)$: Die zweite Lösung entfällt, da x positiv sein muss !

Achtung : Aus (*) folgt : Es gibt nur Lösungen, wenn $v_1 < v_2$ ist. Diese Bedingung ist selbstverständlich. Es gibt Anlass, um über die Fälle $v_1 = 0 \frac{km}{h}$, $v_2 = 0 \frac{km}{h}$, $v_1 = v_2$ sowie $v_2 < v_1$ zu reden. In allen diesen Fällen brauchen wir keine lange mathematische Ableitung. Der gesunde Menschenverstand sagt uns, ob es eine Lösung gibt, und welches der schnellste Weg ist. Wenn man die Ungleichung $\frac{x}{v_1 \cdot \sqrt{4 + x^2}} - \frac{1}{v_2} > 0$ (bzw. < 0) auswertet, erhält man einen

Vorzeichenwechsel an der Stelle $x = \dfrac{2 \cdot \left(\dfrac{v_1}{v_2}\right)}{\sqrt{1 - (\dfrac{v_1}{v_2})^2}} = \dfrac{2 \cdot v_1}{\sqrt{v_2^2 - v_1^2}}$ von - nach +. Die Rechnung

geht unter Beachtung von $x > 0$ analog zu der oben für die Gleichung durchgeführten Rechnung.

t_3 hat also an dieser Stelle ein relatives Minimum. Durch Vergleich von $t_3(\dfrac{2 \cdot \left(\dfrac{v_1}{v_2}\right)}{\sqrt{1 - (\dfrac{v_1}{v_2})^2}})$ mit

den Randwerten $t_3(0) = t_2$ und $t_3(6) = t_1$ stellen wir fest, dass das relative Minimum auch

absolutes Minimum ist. Die errechnete Gleichung $x = \dfrac{2 \cdot \left(\dfrac{v_1}{v_2}\right)}{\sqrt{1 - (\dfrac{v_1}{v_2})^2}}$ wollen wir näher

betrachten. Setzen wir für den Quotienten der beiden Geschwindigkeiten q, also $q = \dfrac{v_1}{v_2}$. Wenn wir einen Punkt D zwischen B und C suchen, muss $0 < q < 1$ gelten. Wir erhalten $x = \dfrac{2 \cdot q}{\sqrt{1 - q^2}}$. Diese Funktion hat an der Stelle $q = 1$ einen Pol. Da alle Werte für $0 < q < 1$ positiv sind, wächst bei Annäherung an $q = 1$ der Quotient über alle Grenzen. Er übersteigt also auch die Zahl 6, die Entfernung von B und C. Für welche q ist die Strecke x größer als 6 ? Also : $\dfrac{2 \cdot q}{\sqrt{1 - q^2}} > 6 \Rightarrow 4 \cdot q^2 > 36 \cdot (1 - q^2) \Leftrightarrow 40 \cdot q^2 > 36 \Leftrightarrow q^2 > 0,9 \Rightarrow q > 0,948...$

(Die negative Lösung ist hier nicht geeignet.)

Wenn also die Rudergeschwindigkeit fast so groß wie die Geschwindigkeit zu Lande ist, genauer wenn gilt : $v_1 \geq \sqrt{0,9} \cdot v_2$, dann ist der kürzeste Weg von A nach C (also die Ruderstrecke) auch der schnellste Weg, für $v_1 < \sqrt{0,9} \cdot v_2$ ist es der Weg von A über Punkt D, dessen Lage abhängig vom Verhältnis der beiden Geschwindigkeiten ist, nach C.

Lösungen zu a, b und c : Mit $v_1 = 3 \frac{km}{h}$ und $v_2 = 5 \frac{km}{h}$ gilt : $t_1 \approx 2,108$ h, $t_2 \approx 1,867$ h, $x = 1,5$, $t_3(1,5) \approx 1,7333$ h.

Es geht am schnellsten, wenn man zwischen B und C 1,5 km von B entfernt ans Ufer kommt.

Mit $v_1 = 12 \ \frac{km}{h}$ und $v_2 = 15 \ \frac{km}{h}$ gilt : $t_1 \approx 0{,}527$ h, $t_2 \approx 0{,}567$ h, $x = \frac{8}{3}$, $t_3(\frac{8}{3}) = 0{,}5$ h.

Es geht auch hier am schnellsten, wenn man zwischen B und C $2{,}\overline{6}$ km von B entfernt ans Ufer kommt, aber Rudern allein ist hier schneller als der Weg über B nach C.

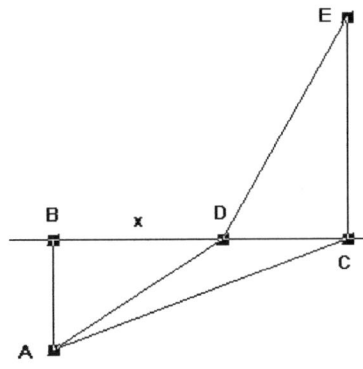

Lösung von d : Mit der neuen Funktion t_3 verfahren wir genau wie in Aufgabe b. Es gilt : $t_3(x) = \dfrac{\sqrt{2^2 + x^2}}{v_1} + \dfrac{\sqrt{4^2 + (6-x)^2}}{v_2}$

mit $0 \le x \le 6$ und $v_1, v_2 > 0 \ \dfrac{km}{h}$. (siehe Bild). Wir leiten t_3 nach x ab : $t_3'(x) =$

$$\frac{2 \cdot x}{2 \cdot v_1} \cdot \left(2^2 + x^2\right)^{-\frac{1}{2}} + \frac{1}{2 \cdot v_2} \cdot \left(4^2 + (6-x)^2\right)^{-\frac{1}{2}} \cdot 2 \cdot (6-x) \cdot (-1) =$$

$\dfrac{x}{v_1 \cdot \sqrt{4 + x^2}} - \dfrac{6-x}{v_2 \cdot \sqrt{4^2 + (6-x)^2}}$. Für die Nullstelle von t_3' gilt : $\dfrac{x}{v_1 \cdot \sqrt{4 + x^2}} =$

$\dfrac{6-x}{v_2 \cdot \sqrt{4^2 + (6-x)^2}}$. Durch Quadrieren und Ausmultiplizieren entsteht eine Gleichung 4.

Grades, für die es keine geschlossene Lösung mehr gibt. Wir lösen sie mit den Näherungsmethoden des Taschencomputers. Es gilt : $x \approx 1{,}055$, $t_3(1{,}055) \approx 2{,}026$.

Was das elektronische Hilfsmittel leisten muss :

Wir speichern $\sqrt{2^2 + 6^2}/v1$ als t1(v1), 2/v1+6/v2 als t2(v1,v2), $\sqrt{2^2 + x^2}/v1 + (6 - x)/v2$ als t3(x) und die Ableitung von t3(x) nach x als t4(x). Wir lassen uns den vom Computer ausgegebenen Term von t4(x) anzeigen und lösen die Gleichung t4(x) = 0 nach x auf. Ich hoffe, dass die Lernenden der Lesenden hoffentlich noch genug Termumformungen beherrschen und die Äquivalenz des vom Computer angezeigten Ergebnisses mit der oben errechneten Lösung

$\dfrac{2 \cdot v_1}{\sqrt{v_2^2 - v_1^2}}$ und auch noch die Äquivalenz mit $\dfrac{2 \cdot \left(\dfrac{v_1}{v_2}\right)}{\sqrt{1 - \left(\dfrac{v_1}{v_2}\right)^2}}$ erkennen können.

Achtung : Nicht so leistungsfähige CA-Systeme mit $\sqrt{(-1/(v1^2 - v2^2))}$ unter der Wurzel geben im Zähler -1 an. Zum Glück ist der angezeigte Nenner dann auch negativ. Aber warum kürzt solch ein CA-System nicht sofort (-1) weg und zeigt einen positiven Zähler und Nenner an ? Löse die Ungleichung $2x/\sqrt{1 - x^2} \ge 6$ nach x auf. Hoffentlich erkennen die Lernenden im Ergebnis $x = \dfrac{3 \cdot \sqrt{10}}{10}$, falls das CA-System dies anzeigt, die dazu äquivalente Schreibweise $x = \sqrt{0{,}9}$. Zur Probe geben wir dann ein : $\dfrac{3 \cdot \sqrt{10}}{10} = \sqrt{0{,}9}$ ein, was das CA-System mit „wahr" beantworten müsste, sofern es auf exaktes Rechnen eingestellt ist. Neben der algebraischen Lösung sollten wir die Ungleichung auch graphisch darstellen, in Bezug auf die Lösungsmenge der Ungleichung ist dies einprägsamer : Also speichern wir $2*x/\sqrt{1-x^2}$ als y1(x) sowie 6 als y2(x) ab. Mit diesen Befehlen eröffnen wir uns die Möglichkeit, die Graphen beider Funktionen darzustellen und dann die Schnittpunkte zu bestimmen. Nach diesen Vorbereitungen ist die eigentliche Lösung der Aufgaben einfach.

Lösung zu a : Eingabe von t1(3) und danach t2(3,5).

Lösung zu b : Der Rechner soll $x = 2*v1*\sqrt{(-1/(v1^2 - v2^2))}$ für v1 = 3 und v2 = 5 berechnen. Danach t3(1.5) für v1 = 3 und v2 = 5.

Lösung zu c : Wir lassen t1(12) und t2(12,15) berechnen. Dann $x = 2*v1*\sqrt{(-1/(v1^2 - v2^2))}$ für v1 = 12 und v2 = 15 sowie t3(2.666) für v1 = 12 und v2 = 15.

Lösung zu d : Wir speichern $\sqrt{2^2 + x^2}$ /v1 + $\sqrt{4^2 + (6-x)^2}$ /v2 als t3(x) und die Ableitung von t3(x) nach x als t4(x) ab und lassen den berechneten Term t4(x) anzeigen. Dann soll das CA-System die Gleichung t4(x) = 0 nach x auflösen. Dieser Befehl führt zur Angabe einer Gleichung 4. Grades, mit der das CA-System eventuell nicht zurechtkommt, falls wir auf einer exakten Lösung bestehen. Wenn wir die Gleichung $x \cdot ((v1^2 - v2^2) \cdot x^3 - 12 \cdot (v1^2 - v2))$ mit v1 = 3 und v2 = 5 nach x auflösen lassen, erhalten wir aber eine Lösung. Zum Abschluss lassen wir t3(1.0548) berechnen.

6.4 Modellierung eines Wasserglases

Ein Wasserglas (Beispiel von BONAQUA) interpretieren wir als Rotationskörper, der durch Rotation eines Graphen um die x-Achse in einem geeignet gewählten Koordinatensystem entsteht.

a. Bestimmen Sie die Zuordnungsvorschrift für die Randkurve.
b. Berechnen Sie das Volumen des in a. modellierten Wasserglases.
c. Untersuchen Sie, wo ein Eichstrich für 300 ml = 0,3 l angebracht werden muss.

Lösung zu a :

Wenn wir das Glas um 90° gegenüber seiner normalen Gebrauchslage drehen, das Koordinatensystem mitten durch das Glas legen und den Koordinatenursprung in die Mitte der Bodenfläche, dann können wir die Koordinaten folgender für den Kurvenverlauf charakteristischer Punkte bestimmen, wobei die Einheit auf den Koordinatenachsen 1 cm beträgt : A(0|3), B(3,6|2,04), C(10,7|4,08) und D(12,5|3,5). In B sei das Minimum und in C das Maximum des Graphen im Intervall [0;12,5]. Wir haben insgesamt 6 Bedingungen für f und die Nullstellen der 1. Ableitung. Daher nehmen wir als Randfunktion eine ganzrationale Funktion 5. Grades mit 6 Formvariablen a, b, c, d, e und g. $f : x \rightarrow f(x)$ mit $f(x) = a \cdot x^5 + b \cdot x^4 + c \cdot x^3 + d \cdot x^2 + e \cdot x + g$ mit a, b, c, d, e, g $\in \mathbb{R}$. Wir erhalten :

1. $f(0) = 3$ $\Rightarrow$ $g = 3$
2. $f(3,6) = 2,04 \Rightarrow a \cdot 3,6^5 + b \cdot 3,6^4 + c \cdot 3,6^3 + d \cdot 3,6^2 + e \cdot 3,6 + g = 2,04$
3. $f(10,7) = 4,08 \Rightarrow a \cdot 10,7^5 + b \cdot 10,7^4 + c \cdot 10,7^3 + d \cdot 10,7^2 + e \cdot 10,7 + g = 4,08$
4. $f(12,5) = 3,5 \Rightarrow a \cdot 12,5^5 + b \cdot 12,5^4 + c \cdot 12,5^3 + d \cdot 12,5^2 + e \cdot 12,5 + g = 3,54$

5. $f'(3,6) = 0 \Rightarrow a \cdot 5 \cdot 3,6^4 + b \cdot 4 \cdot 3,6^3 + c \cdot 3 \cdot 3,6^2 + d \cdot 2 \cdot 3,6 + e \qquad = 0$

6. $f'(10,7) = 0 \Rightarrow a \cdot 5 \cdot 10,7^4 + b \cdot 4 \cdot 10,7^3 + c \cdot 3 \cdot 10,7^2 + d \cdot 2 \cdot 10,7 + e \qquad = 0$

Wir könnten versuchen, die 5 Gleichungen mit 5 Variablen (g = 3 ist ja sofort als Lösung ohne weitere Rechnung ablesbar) mit viel Geduld und großer Sorgfalt per Hand zu lösen. Da wir jedoch für die anderen Variablen keine „bequemen" Lösungen erwarten, nehmen wir den Taschencomputer mit seinen Möglichkeiten als Hilfsmittel zur Lösung des Gleichungssystems.

Lösung zu b : $V = \pi \cdot \int_{0}^{12,5} \left(f(x)\right)^2 dx$. Wir versuchen auch hier keine „händische" Lösung. Wir benutzen die in Aufgabenteil a ermittelte Zuordnungsvorschrift und lösen dann mit dem Taschencomputer (Es muss zuerst das Quadrat einer ganz-rationalen Funktion 5. Grades und dann von diesem Quadrat die Stammfunktion gebildet werden !) das bestimmte Integral.

Lösung zu c : Wir müssen die Gleichung $\pi \cdot \int_{0}^{x} \left(f(z)\right)^2 dz = 300$ nach der Variablen x auflösen.

Auch hier versuchen wir keine „händische" Lösung, sondern hoffen, dass das CA-System des Taschencomputers so leistungsfähig genug ist, uns eine Lösung zu liefern.

Was das elektronische Hilfsmittel leisten muss :

Wir geben zunächst eine 6 x 7 -Matrix „glas" ein. Alle Elemente sind zu Beginn mit 0 belegt. Wir geben dann die Koeffizienten des Gleichungssystems so ein, wie es oben im Gleichungssystem notiert ist, der Taschencomputer rechnet die Eingaben automatisch um.

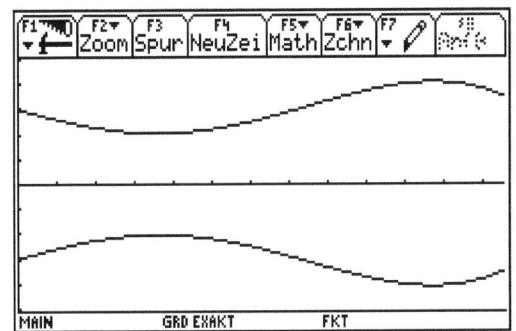

Lösung von a : Wir bringen die Matrix glas auf Diagonalenform mit dem entsprechenden CAS-Befehl und speichern diese Matrix als Glas1 ab. Die Belegung der Formvariablen a, b, c, d, e und g lesen wir als glas1[1,7], glas1[2,7], glas1[3,7], glas1[4,7], glas1[5,7] und glas1[6,7] ab und speichern diese als a, b, c, d, e und g. Um Missverständnissen aus dem Weg zu gehen, benutzen wir die Variable f nicht. a*x^5 + b*x^4 + c*x^3 + d*x^2 + e*x + g lassen wir uns anzeigen als 2,43*10^-5*x^5 - 1,47*10^-3*x^4 + 1,75*10^-2*x^3 + 4,63*10^-4 *x^2 + 4,31*10^-1*x + 3, speichern diesen Term als y1(x) ab sowie -y1(x) als y2(x). Wir lassen uns die Graphen von y1 und y2 zeichnen und erhalten das nebenstehende Bild.

Lösung von b : Wir bilden das Quadrat von y1, also (y1(x))^2. Das vom Computer angezeigte Ergebnis speichern wir als y3(x) ab, lassen $\pi*\int(y3(z),z,0,12.5)$ berechnen und erhalten als Ergebnis : $V = 364,571 \text{ cm}^3 = 364,571$ ml.

Lösung von c : Der Computer berechnet $\pi*\int(y3(z),z,0,x)$. Das Ergebnis speichern wir als y4(x) ab. Danach lassen wir den Computer die Gleichung y4(x) = 300 nach x auflösen und lesen als Ergebnis x ≈ 11,1 cm ab.

Kommentar : Warum so kompliziert und nicht einfacher ? Das wird sicher manch eine Leserin oder Leser fragen. Zum Beispiel :

- Warum nicht auf die Speicher a, b, c, d, e und g verzichten ? Warum wird nicht der Term

glas1[1,7]*x^5+glas1[2,7]*x^4+glas1[3,7]*x^3+glas1[4,7]*x^2+glas1[6,7]*x+glas1[6,7]
sofort gebildet ? Einverstanden, so könnte man auch vorgehen. Hier muss man mir nicht
folgen.

- Warum wird immer erst das Ergebnis gebildet und dann erst abgespeichert ? Warum wird
das nicht in einem Schritt erledigt ? Zum Beispiel : Warum wird erst
glas1[1,7]*x^5+glas1[2,7]*x^4+glas1[3,7]*x^3+glas1[4,7]*x^2+glas1[6,7]*x+glas1[6,7]
gebildet und erst dann das (näherungsweise) Ergebnis nach y1(x) abgespeichert ?
Stellen wir uns vor, wir geben als Befehl „Löse($\pi \cdot \int((y1(z))^2,z,0,x)=300,x$)" ein. Es wäre
schön, wenn der Computer das gewissermaßen „in einem Rutsch" erledigen würde. Nur ist
das nicht meine vordringliche Forderung an ein leistungsfähiges CA-System. Im Moment
gilt : **Wer zu viel will, dem macht der Taschencomputer Probleme, liefert aber keine
Lösung.** Wir muten bei dem oben angesprochenen Vorgehen dem Taschencomputer meist
zu viel zu, vor allem, wenn er noch dazu im „Exakt"-Modus arbeiten soll : Er soll die Koeffizienten aus der Matrix entnehmen, dann den Term 5. Grades aufbauen, dann diesen
Term quadrieren, dann vom quadrierten Term die Integralfunktion bilden und am Ende auch
noch eine Gleichung 11. Grades nach x auflösen, für die es keine geschlossene Lösungs-
formel gibt. Wir entlasten den Taschencomputer, wenn wir ihn der Reihe nach die einzelnen
Operationen ausführen und die fertigen Ergebnisse abspeichern lassen, so würden wir ja
auch händisch arbeiten, wenn wir das könnten. Besonders drastisch ist die Überforderung
des Rechners zu sehen, wenn wir ihn die Funktion y4 zeichnen lassen, sofern wir sie so
definiert haben :
glas1[1,7]*x^5+glas1[2,7]*x^4+glas1[3,7]*x^3+glas1[4,7]*x^2+glas1[6,7]*x+glas1[6,7]
wird als y4(x) abgespeichert, und dazu y5(x) = 300. Ich habe vor lauter Ungeduld den extrem
langsamen (um nicht zu sagen extrem lahmen) Aufbau der Graphik durch Ausschalten des
Computers abgebrochen und bin zu der Lösung übergegangen, die ich hier dargestellt habe.
Mit der Zerlegung in kleine überschaubare Teilaufgaben, die ich der Reihe nach abarbeite,
mache ich gute Erfahrungen. Das Zeichnen der Graphen von y4 und y5 geschieht dann recht
flott und der Schnittpunkt beider Graphen kann als Alternative zum oben vorgestellten algebraischen Vorgehen auch geometrisch zügig bestimmt werden. Ein schnellerer Prozessor,
ein leistungsfähigeres CA-System und ein größerer Arbeitsspeicher, schon ist das alles
Schnee von gestern.

7. Aufgaben zur Analytischen Geometrie

7.1 Einleitung

Vorgestellt werden drei Aufgaben zu Standardproblemen. Bei der Lösung werden möglichst einfache Methoden benutzt. Seit im Abitur alle drei Gebiete (Analysis, Analytische Geometrie/Lineare Algebra und Stochastik) abgeprüft werden müssen, bleibt im vorbereitenden Unterricht wenig Zeit, in der Analytischen Geometrie zu weitergehenden Anwendungen des Skalar- und erst recht nicht des Vektor- oder Spatprodukts zu gelangen. So werden zum Beispiel die verschiedenen Normalformen für Ebenengleichungen in der Regel nicht mehr erarbeitet.

7.2 Der Abstand von zwei windschiefen Geraden

Die Gerade g geht durch die Punkte A = (0 | 0 | 0) und B = (1 | 2 | 0). Die Gerade h enthält die Punkte C = (12 | 0 | 4) und D = (0 | 8 | 4).

a. Zeigen Sie, dass g und h windschief zueinander sind.

b. Ermitteln Sie den Abstand der Geraden g und h.

Lösung zu a : Zwei Geraden sind windschief, wenn sie weder parallel zueinander sind noch einen Schnittpunkt besitzen. Die beiden Geradengleichungen lauten :

$$g(A,B): \quad \vec{x} = k \cdot \begin{pmatrix} 1 \\ 2 \\ 0 \end{pmatrix}, k \in \mathbb{R}, \qquad g(C,D): \quad \vec{x} = \begin{pmatrix} 12 \\ 0 \\ 4 \end{pmatrix} + l \cdot \begin{pmatrix} -12 \\ 8 \\ 0 \end{pmatrix}, l \in \mathbb{R}.$$

g und h sind nicht parallel, da die Richtungsvektoren linear unabhängig (in diesem Fall : nicht kollinear) sind. Hätten die Geraden einen Schnittpunkt, müsste gelten : 0 = 4 (3. Koordinate !). Da dies eine falsche Aussage ist, existiert kein Schnittpunkt. Da die Geraden g und h weder parallel sind noch einen Schnittpunkt besitzen, sind sie windschief.

Lösung zu b : Die kleinste Entfernung, die ein Punkt G ∈ g und ein Punkt H ∈ h voneinander haben, nennt man den Abstand der Geraden g und h, den wir mit d(g,h) bezeichnen.

Gesucht wird also eine Strecke von G ∈ g nach H ∈ h, die sowohl senkrecht auf g als auch senkrecht auf h steht. (Bitte an einer Zeichnung klar machen !) Die Länge der Strecke mit den Endpunkten G und H ist dann der gesuchte Abstand d(g,h) der beiden Geraden g und h.

Für G ∈ g gilt : Es gibt eine reelle Zahl k, so dass G = (k | 2k | 0). Für H ∈ h gilt : Es gibt eine reelle Zahl l, so dass H = (12-12l | 8l | 4) ist. Dann ist $\overrightarrow{GH} = \begin{pmatrix} 12 - 12l - k \\ 8l - 2k \\ 4 \end{pmatrix}$.

Die Gerade g und die Gerade durch G und H sollen senkrecht aufeinander stehen, also ist das Skalarprodukt aus den beiden Richtungsvektoren Null. Daraus folgt :

12 - 12l - k + 2·(8l - 2k) + 0·4 = 0 ⟺ 12 + 4l - 5k = 0.

Die Gerade h und die Gerade GH stehen senkrecht aufeinander, also ist das Skalarprodukt der entsprechenden Richtungsvektoren Null. Daraus folgt :

(-12)·(12 - 12l -k) + 8·(8l - 2k) + 0·4 = 0 ⟺ -144 + 208l - 4k = 0.

Aus beiden Gleichungen folgt : $l = \dfrac{3}{4} = 0{,}75 \;\wedge\; k = 3$. Also gilt : G = (3 | 6 | 0),

$H = (3 \mid 6 \mid 4)$ und $\overrightarrow{GH} = \begin{pmatrix} 0 \\ 0 \\ 4 \end{pmatrix}$. Die Geraden haben also den Abstand 4 Längeneinheiten.

Was das elektronische Hilfsmittel leisten muss :

Lösung zu a : Die Ortsvektoren der Punkte A, B, C und D werden als Spaltenvektoren a, b, c und d eingegeben. Danach wird a + k*(b - a) als g(k) und c + l*(d - c) als h(l) abgespeichert, die beiden Geradengleichungen. Das CA-System sollte eine Operation wie (b-a)./(d-c) haben, bei der entsprechende Koordinaten zweier Vektoren, hier der Richtungsvektoren der beiden Geraden dividiert werden. Sind alle drei Quotienten gleich, sind die beiden Richtungsvektoren kollinear (linear abhängig); sonst sind sie nicht kollinear, also linear unabhängig. In unserem Falle sind sie linear unabhängig. Zur Untersuchung, ob sich die Geraden schneiden bilden wir aus den deren beiden Koordinaten ein Gleichungssystem, also g(k)[1,1] = h(l)[1,1] und g(k)[2,1] = h(l)[2,1] und lassen es nach k und l auflösen. Das Ergebnis k = 3 und l = 3/4 setzen wir in g(k) und h(l) ein. Zwei Vektoren sind gleich, wenn alle einander entsprechenden Koordinaten gleich sind, was hier nicht gilt (0 = 4 bei den 3. Koordinaten ist eine falsche Aussage).

Lösung zu b : h(l) - g(k) speichern wir als gh(k,l) ab. Wir bilden das Skalarprodukt aus (b - a) und gh(k,l), das Skalarprodukt aus (d - c) und gh(k,l), setzen die beiden vom Computer errechneten Terme gleich und lösen das entstehende Gleichungssystem -5k + 4l + 12 = 0 und -4k + 208l -144 = 0 nach k und l auf. Die beiden Lösungen k = 3 und l = 0,75 setzen wir in g(k), h(l) und gh(k,l) ein. Wir speichern das letzte Ergebnis als hg ab und berechnen die Norm von hg.

7.3 Achsenspiegelung

Gegeben seien die sieben Punkte P = (1 $\mid$ 1 $\mid$ -3), A = (0 $\mid$ 6 $\mid$ 0), B = (4 $\mid$ 0 $\mid$ 2), C = (6 $\mid$ 1 $\mid$ 1), D = (0 $\mid$ 0 $\mid$ 3), F = (2 $\mid$ 1 $\mid$ 2) und Q = (6 $\mid$ -10 $\mid$ -4).

a. P werde an der Geraden g durch die Punkte A und B gespiegelt. Untersuchen Sie, welche Koordinaten der Bildpunkt P' hat.

b. P werde an der Ebene E durch C, D und F gespiegelt. Untersuchen Sie, welche Koordinaten der Bildpunkt P' hat.

c. Ein Lichtstrahl geht durch P, wird an der Ebene E reflektiert und geht durch den Punkt Q. Bestimmen Sie die Koordinaten des Punktes R, in dem der Lichtstrahl auf die Ebene E trifft.

d. Zeigen Sie, dass die Normale der Ebene E in R den Winkel ∢PRQ in zwei gleich große Teile teilt, also Winkelhalbierende ist.

Lösung zu a : g(A,B) : $\vec{x} = \begin{pmatrix} 0 \\ 6 \\ 0 \end{pmatrix} + k \cdot \begin{pmatrix} 4 \\ -6 \\ 2 \end{pmatrix}$, $k \in \mathbb{R}$.

Da $S \in g$, gibt es ein $k \in \mathbb{R}$, so dass $\overrightarrow{PS} = \vec{x} - \vec{p} = \begin{pmatrix} -1 \\ 5 \\ 3 \end{pmatrix} + k \cdot \begin{pmatrix} 4 \\ -6 \\ 2 \end{pmatrix}$.

$PS \perp g \Rightarrow \overrightarrow{PS} \cdot \begin{pmatrix} 4 \\ -6 \\ 2 \end{pmatrix} = 0 \Rightarrow -4 + 16k - 30 + 36k + 6 + 4k = 0 \Leftrightarrow 56k - 28 = 0 \Leftrightarrow$

$k = \frac{1}{2}$. Es folgt : $\overrightarrow{PS} = \begin{pmatrix} 1 \\ 2 \\ 4 \end{pmatrix}$ $\Rightarrow$ $\vec{s} = \overrightarrow{PS} + \vec{p}$ $\Rightarrow$ S = (2 | 3 | 1). $\vec{p'} = \vec{s} + \overrightarrow{PS}$ $\Rightarrow$ $\vec{p'} =$

$\begin{pmatrix} 3 \\ 5 \\ 5 \end{pmatrix}$ und P' = (3 | 5 | 5). Alternative zur Bestimmung der Koordinaten von S :

$\left| \overrightarrow{PS} \right| = \sqrt{(-1+4k)^2 + (5-6k)^2 + (3+2k)^2} = \sqrt{56k^2 - 56k + 35}$. Der Abstand von P und g ist

die kürzeste aller Entfernungen (Minimum !). Wir fassen den Wurzelterm als Funktion von k auf. Wenn der Radikand minimal ist, ist es der Wurzelterm auch. Der Radikand ist ein quadratischer Term, dessen Graph eine nach oben geöffnete Parabel ist. Wir erhalten also ein absolutes Minimum. Es gilt : $f(k) = 56k^2 - 56k + 35$ $\Rightarrow$ $f'(k) = 112k - 56$ $\Rightarrow$ $k = \frac{1}{2}$. Also :

$S = (2 | 3 | 1)$ sowie $\left| \overrightarrow{PS} \right| = \sqrt{21}$.

Lösung zu b : $\overrightarrow{DC}$ und $\overrightarrow{DF}$ sind linear unabhängig - hier nicht kollinear -, also liegen C, D und F nicht auf einer Geraden. Die drei Punkte charakterisieren also eindeutig eine Ebene E.

$E(D,C,F) : \vec{x} = \begin{pmatrix} 0 \\ 0 \\ 3 \end{pmatrix} + k \cdot \begin{pmatrix} 6 \\ 1 \\ -2 \end{pmatrix} + l \cdot \begin{pmatrix} 2 \\ 1 \\ -1 \end{pmatrix}$ mit k, l $\in \mathbb{R}$. Bestimmung eines Normalenvektors $\vec{n}$

zur Ebene E. Dieser auf E senkrecht stehende Vektor wird beim Spiegeln benötigt. Es gilt :

$\vec{n} \perp \begin{pmatrix} 6 \\ 1 \\ -2 \end{pmatrix}$ (*) $\wedge$ $\vec{n} \perp \begin{pmatrix} 2 \\ 1 \\ -1 \end{pmatrix}$ (**).

Aus (*) folgt $6 \cdot n_1 + n_2 - 2 \cdot n_3 = 0$. Aus (**) folgt $2 \cdot n_1 + n_2 - n_3 = 0$. Die Variable n_1 wird in die Lösung einbezogen, da mehr Variablen als Gleichungen existieren. Das Gleichungssystem

hat die Lösungen $n_2 = 2 \cdot n_1$ und $n_3 = 4 \cdot n_1$, also gilt $\vec{n} = \begin{pmatrix} n_1 \\ 2 \cdot n_1 \\ 4 \cdot n_1 \end{pmatrix} = n_1 \cdot \begin{pmatrix} 1 \\ 2 \\ 4 \end{pmatrix}$. Der Lotfußpunkt S

ist der Schnittpunkt der Ebene E und der Geraden h durch P mit dem Normalenvektor als

Richtungsvektor : $h : \vec{x} = \begin{pmatrix} 1 \\ 1 \\ -3 \end{pmatrix} + m \cdot \begin{pmatrix} 1 \\ 2 \\ 4 \end{pmatrix}$, m $\in \mathbb{R}$. Es gilt S = (2 | 3 | 1) . Damit erhalten wir

$\overrightarrow{PS}$ wie in Aufgabe a und damit P' = (3 | 5 | 5).

Lösung zu c : Der Lichtstrahl verläuft so, dass P', R und Q auf einer Geraden liegen, wobei P' der Bildpunkt von P bei einer Spiegelung an der Ebene E ist. R ist also der Schnittpunkt der Gerade i durch P' und Q mit der Ebene E. Rechnung ergibt : R = (4 | 0 | 2) = B.

Lösung zu d : Die Größe der Winkel α zwischen $\overrightarrow{RQ}$ und $\vec{n}$ sowie β zwischen $\vec{n}$ und $\overrightarrow{PS}$:

$$\cos \sphericalangle(\overrightarrow{RQ}, \vec{n}) = \frac{\overrightarrow{RQ} \cdot \vec{n}}{|\overrightarrow{RQ}| \cdot |\vec{n}|} = \cos \sphericalangle(\vec{n}, \overrightarrow{RP}) = \frac{\vec{n} \cdot \overrightarrow{RP}}{|\vec{n}| \cdot |\overrightarrow{RP}|} = \frac{-3}{\sqrt{15}}$$, Damit werden beide Winkel

größer als 90°, was aus geometrischen Gründen nicht möglich ist !) Es gilt : $\alpha = \sphericalangle(\overrightarrow{RQ}, -\vec{n})$,

$\beta = \sphericalangle(-\vec{n}, \overrightarrow{RP}) \Rightarrow \cos \alpha = \cos \beta = \frac{3}{\sqrt{15}} \Rightarrow \alpha = \beta \approx 39{,}23°$. Zeichnet man den Nor-

malenvektor $-\vec{n}$ mit Anfangspunkt R, teilt er den Winkel $\sphericalangle$PRQ in zwei gleich große Teile.

Was das elektronische Hilfsmittel leisten muss :

Lösung zu a : Die Ortsvektoren der Punkte, A, B und P werden als Spaltenvektoren a, b und p abgespeichert. Die Parameterdarstellung der Geraden durch A und B a + k*(b-a) wird als g(k) abgespeichert und g(k) – p als h(k). Das Skalarprodukt von h(k) und (b – a) liefert die Gleichung 56k – 28 = 0, die die Lösung k = 0,5 hat. (*) Diese Lösung wird in h(k) eingesetzt und das Ergebnis als ps, ps + p als s und s + ps als p1 abgespeichert, wobei p1 der Ortsvektor des Spiegelpunkts P' von P ist. Zum Schluss lassen wir die Länge/Norm von ps berechnen.

Zur Alternative : Wir lassen die Länge/Norm von h(k) berechnen und das Ergebnis nach k ableiten. Den entstehenden Term setzen wir gleich Null und lassen diese Gleichung nach k auflösen. Dann geht es mit dieser Lösung weiter wie oben ab (*).

Lösung von b : Die Ortsvektoren der Punkt C, D, F und Q werden als Spaltenvektoren c, d, f und q abgespeichert sowie der Normalenvektor n mit den Koordinaten n1, n2, und n3. Wie in Aufgabe 7.2 werden die Vektoren (c - d) und (f - d) auf lineare Abhängigkeit untersucht mit dem Ergebnis, dass sie linear unabhängig sind. Wir lassen das Skalarprodukt aus n und (c – d) und das Skalarprodukt aus n und (f – d) ausrechnen. Das entstehende Gleichungssystem (2 Gleichungen mit den 3 Variablen n1, n2 und n3) lassen wir nach n1 auflösen, setzen diese Lösungen in n ein und speichern das Ergebnis als n ab. Den Nenner 4 in den Koordinaten beseitigen wir dadurch, dass wir n3 = 4 in n einsetzen und das Ergebnis als n abspeichern. Die Parameterdarstellung der Geraden durch P mit dem Normalenvektor als Richtungsvektor p + k*n speichern wir als i(k), die Parameterdarstellung der Ebene durch C, D und F d + l*(c - d) + m*(f - d) als e(l, m) ab. Die Schnittgleichung i(k) = e(l, m) lassen wir nach k, l und m auflösen. Die Lösung für k setzen wir in i(k) und speichern den neuen Vektor als s ab. Die Lösungen für l und m setzen wir in e(l, m) ein. Dieser Befehl dient als Probe. Als p1 wird s + s – p abge- speichert. p1 ist der Ortsvektor des Spiegelpunkts P' von P.

Lösung von c : Die Parameterdarstellung der Geraden durch P' und Q p1 + k*(q - p1) wird als i(k) abgespeichert, die Schnittbedingung i(k) = e(l, m) nach k, l und m aufgelöst. Die Lösung für k wird in i(k) eingesetzt, die für l und m als Probe in e(l, m).

Lösung von d : Wir geben die Befehle wie in der obigen algebraischen Lösung ein, lassen den Computer im Gradmaß die Winkelmaße bestimmen und machen die gleichen Erfahrungen wie oben beschrieben, bis wir am Ende $\cos^{-1}(\sqrt{15}/5)$ berechnen lassen.

7.4 Abstände

Zwei Kleinflugzeuge fliegen mit gleichbleibender Geschwindigkeit auf geradem Kurs. Das erste befindet sich zur Zeit t = 0 im Nullpunkt eines geeignet gewählten Koordinatensystems, bei t = 3 ist es im Punkt P = (60 | -30 | 90). Zu den entsprechenden Zeiten befindet sich das zweite im Punkt Q = (20 | 280 | -140) beziehungsweise in R = (50 | 190 | -20). (Alle Koordinaten bedeuten Meter, Zeiteinheiten Sekunden)
a. Berechnen Sie die beiden Flugzeuggeschwindigkeiten.

b. Untersuchen Sie, zu welcher Zeit sich die Flugzeuge am nächsten sind, und in welchen Positionen sie sich dann befinden.

c. Untersuchen Sie, welchen kleinsten Abstand die beiden Flugbahnen haben.

d. Untersuchen Sie, wie schnell das zweite Flugzeug fliegen müsste, damit die geringste Entfernung der Flugzeuge mit der minimalen Entfernung der Flugrouten übereinstimmt.

Lösung zu a : In einer Sekunde überfliegt das erste Flugzeug den Vektor $\frac{1}{3} \cdot \vec{p} = \begin{pmatrix} 20 \\ -10 \\ 30 \end{pmatrix}$.

Er hat die Länge $10 \cdot \sqrt{14}$ m $\approx 37,4$ m hat. Es gilt $v_1 \approx 37,4 \frac{m}{s} \approx 134,7 \frac{km}{h}$.

In einer Sekunde überfliegt das zweite Flugzeug den Vektor $\frac{1}{3} \overrightarrow{QR} = \begin{pmatrix} 10 \\ -30 \\ 40 \end{pmatrix}$, der die Länge

$10 \cdot \sqrt{26}$ m $\approx 50,9$ m hat. Es gilt $v_2 \approx 50,9 \frac{m}{s} \approx 183,6 \frac{km}{h}$.

Lösung zu b : Die Gleichung der Flugbahn des ersten Flugzeugs ist : $g(O,P) : \vec{x_1} = t \cdot \begin{pmatrix} 20 \\ -10 \\ 30 \end{pmatrix}$.

Die des zweiten Flugzeugs lautet : $g(Q,R) : \vec{x_2} = \begin{pmatrix} 20 \\ 280 \\ -140 \end{pmatrix} + t \cdot \begin{pmatrix} 10 \\ -30 \\ 40 \end{pmatrix}$. $t \in \mathbb{R}$ ist in beiden

Gleichungen gemeinsame Variable für die Flugzeit in Sekunden.

Der Entfernungsvektor der Flugbahnen ist $\vec{x_2} - \vec{x_1} = \begin{pmatrix} 20 \\ 280 \\ -140 \end{pmatrix} + t \cdot \begin{pmatrix} -10 \\ -20 \\ 10 \end{pmatrix}$. Er hat die Länge

$10 \cdot \sqrt{(2-t)^2 + (28-2t)^2 + (-14+t)^2} = 10 \cdot \sqrt{6t^2 - 144t + 984}$.

Der Wurzelterm wird minimal, wenn der Radikand minimal wird. Der quadratische Term hat sein Minimum bei $t = 12$. Das erste Flugzeug befindet sich dann im Punkt $S = (240 | -120 | 360)$, das zweite in $T = (140 | -80 | 340)$. Die minimale Entfernung beträgt rund 109,54 m.

Lösung zu c : Wir überprüfen, ob die beiden Geraden windschief sind. Dies ist der Fall, wenn die beiden Richtungsvektoren und die Differenz der beiden Einstiegsvektoren linear unabhängig sind. Die Gleichung $k \cdot \vec{v_1} + l \cdot \vec{v_2} + m \cdot \vec{q} = \vec{0}$ hat nur die triviale Lösung $(k | l | m) = (0 | 0 | 0)$. Also sind die beiden Geraden windschief.

E sei die Ebene, die die Gerade $g(O, P)$ enthält, und zu der $g(Q, R)$ parallel ist. Wir bestimmen einen Normalenvektor $\vec{n}$ von E. Es gilt : $\vec{n} \perp \vec{v_1}$ (*) $\wedge$ $\vec{n} \perp \vec{v_2}$ (**).

Aus (*) folgt $\vec{n} \cdot \vec{v_1} = 0$, aus (**) folgt : $\vec{n} \cdot \vec{v_2} = 0$.

Aus beiden das Gleichungssystem : $20 \cdot n_1 - 10 \cdot n_2 + 30 \cdot n_3 = 0$ $\wedge$ $10 \cdot n_1 - 30 \cdot n_2 + 40 \cdot n_3 = 0$. Wir beziehen die Variable n_3 in die Lösung ein und erhalten : $n_1 = -n_3$ $\wedge$ $n_2 = n_3$ und damit

$$\vec{n} = \begin{pmatrix} -n_3 \\ n_3 \\ n_3 \end{pmatrix} = n_3 \cdot \begin{pmatrix} -1 \\ 1 \\ 1 \end{pmatrix}. \quad \vec{n} = \begin{pmatrix} -1 \\ 1 \\ 1 \end{pmatrix}$$ ist also ein Normalenvektor von E.

Wir bilden einen geschlossenen Vektorzug, gehen vom Ursprung auf der ersten Bahn bis zum Fußpunkt des gemeinsamen Lotes beider Bahnen ($k \cdot \vec{p}$), dann auf der Normalen bis zur zweiten Bahn ($l \cdot \vec{n}$), von dort zurück auf der zweiten Bahn bis Q ($m \cdot \vec{RQ}$) und zum Ursprung ($-\vec{q}$):

$k \cdot \vec{p} + l \cdot \vec{n} + m \cdot \vec{RQ} - \vec{q} = \vec{0}$. Das zugehörige Gleichungssystem hat die Lösung: $k = \dfrac{42}{5} \wedge l = 40 \wedge m = \dfrac{54}{5}$. Der Abstand der beiden Flugbahnen beträgt also $40 \cdot \sqrt{3}$ [m] $\approx 69,28$ [m]. Zur Probe kann man die Koordinaten der beiden Lotfußpunkte (168|-84|252), (128|-44|292) und dann die Länge des Verbindungsvektors der beiden Lotfußpunkte bestimmen.

Lösung zu d : Das erste Flugzeug erreicht in $\dfrac{42}{5}$ s = 8,4 s auf seiner Bahn den Fußpunkt des gemeinsamen Lotes, das zweite den entsprechenden Lotfußpunkt auf seiner Bahn erst in $\dfrac{54}{5}$ s = 10,8 s. Das zweite Flugzeug müsste seine Geschwindigkeit um den Faktor $\dfrac{54}{5} : \dfrac{42}{5} = \dfrac{9}{7}$ vergrößern, wenn beide gleichzeitig auf ihrer Bahn den jeweiligen Fußpunkt des gemeinsamen Lotes erreichen wollen. Dann ist $v_{2neu} = \dfrac{9}{7} \cdot v_2 \approx 236,01 \dfrac{km}{h}$.

Was das elektronische Hilfsmittel leisten muss :

Lösung zu a : Die Ortsvektoren der Punkt O, P, Q und R werden als Spaltenvektoren o, p, q und r eingegeben. Die Geschwindigkeiten (in m/s) werden als (p - o)/3 unter v1 sowie (r - q)/3 unter v2 abgespeichert. Die Länge/Norm dieser beiden Vektoren wird mit 3,6 multipliziert und gibt dann die Geschwindigkeit in km/h an.

Lösung zu b : Die Parameterdarstellung der ersten Geraden o + t∗v1 wird unter g(t), die der anderen Geraden q + t∗v2 als h(t) abgespeichert, die Differenz der beiden als e(t) und gibt die Entfernung zur Zeit t an. Wir lassen die Länge/Norm von e(t) berechnen und dann die Ableitung dieses Terms nach der Variablen t. Setzen wir den Ableitungsterm Null und lassen diese Gleichung nach t auflösen. Die Lösung t = 12 setzen wir sowohl in g(t) als auch in h(t) ein, speichern die Resultate als a und b ab und bestimmen die Länge/Norm von b – a.

Zusätzlich zu dieser Rechnung können wir das Minimum auch grafisch bestimmen : Wir speichern den Term $5 * 2 \wedge (3/2) * \sqrt{3 * (x \wedge 2 - 24 * x + 164)}$ nach y1(x) ab. Wir lassen den Rech-ner den Grafen der Funktion zeichnen und danach die genaue Lage des Minimums berechnen und als Ergebnis t = 12 und y = 109,545 anzeigen.

Lösung zu c : Wir speichern den Vektorzug k∗v1 + l∗v2 + m∗(q - a) als gl(k, l, m), also als Vektor ab. Der Rechner soll die Vektorgleichung gl(k, l, m) = o nach k, l und m auflösen. Damit die Syntax stimmt, muss rechts vom „="-Zeichen ebenfalls ein Vektor stehen, also entweder „[0;0;0]" oder der Buchstabe o. Ein leistungsfähiges CA-System schafft dann die Lösung.

Der Normalenvektor n wird mit den Koordinaten n1, n2, und n3 abgespeichert. Wir bilden das Skalarprodukt aus n und v1 und das Skalarprodukt aus n und v2. Das daraus resultierende Gleichungssystem $20*n1 - 10*n2 + 30*n3 = 0$ und $10*n1 - 30*n2 + 40*n3 = 0$ lassen wir nach n1 und n2 auflösen, setzen die Lösungen $n1 = -n3$, $n2 = n3$ sowie $n3 = 1$ in n ein und speichern das Ergebnis als n ab. Der geschlossene Vektorzug $o + k*v1 + m*n + l*(-v2) - q$ wird abgespeichert als gl(k, l, m). Der Rechner soll die Vektorgleichung gl(k, l, m) = o (Nullvektor, nicht Null !) nach k, l und m auflösen. Wir lassen die 40-fache Länge/Norm (m = 40) von n berechnen, setzen $k = 42/5$ in g(k) ein, speichern das Ergebnis als a ab, außerdem $l = 54/5$ in h(l) und speichern das Ergebnis als b ab. Dann berechnen wir die Länge/Norm vom Vektor (b – a).

Lösung zu d : Mit $(54/5)/(42/5)*3.6*Norm(v2)$ berechnen wir die Geschwindigkeit in km/h.

8. Aufgaben zur Linearen Algebra

8.1 Einleitung

Die Verwendung von Taschencomputern sollte genutzt werden, um Problem- und Anwendungsaufgaben zu ermöglichen, die interessanter und relevanter als die im traditionellen Unterricht ohne Rechner behandelten sind. In den vorgestellten Aufgaben wird gezeigt, wie man das klassische Unterrichtsthema Lineare Algebra mit Hilfe des Taschencomputers behandeln kann. Der Taschencomputer wird als Werkzeug mit seinem CAS benutzt. In der Literatur findet man viele Anwendungsaufgaben, die auf lineare Gleichungssysteme oder Matrizenrechnung führen. Der wichtigste Baustoff der Linearen Algebra sind Matrizen, die sich bei der Modellierung von Problemstellungen immer wieder als nützlicher Datentyp im Sinne der Informatik erweisen. Auf ihnen operieren Verknüpfungen, die von einem leistungsfähigen Computeralgebrasystem unterstützt werden.

8.2 Kaufverhalten - stationäre Matrizen - Fixvektoren

Aufgabe : Zwei Fabrikanten bieten Waschmittel an. Fabrikant Dasch stellt Arimat (A, Marktanteil 60 %) her, Fabrikant Wasch produziert Omil (O). Fabrikant Dasch plant die Einführung eines weiteren Waschmittels R (Riesil). Die Untersuchung eines Marktforschungsinstituts hat ergeben, dass die Verbraucher wie folgt bei jedem Kauf wechseln werden : Wer Arimat gekauft hat, wird beim nächsten Kauf in 80 % aller Fälle wieder Arimat kaufen und in jeweils 10 % Omil oder Riesil. Wer Omil gekauft hat, wird in 70 % aller Fälle wieder Omil kaufen, in 10 % Arimat und in 20 % Riesil. Wer Riesil gekauft hat, wird in der Hälfte aller Fälle beim nächsten Kauf dabei bleiben, in 10 % zu Arimat übergehen und in 40 % Omil kaufen.

a. Untersuchen Sie, wie sich der Anteil von Riesil bei den ersten Käufen nach Einführung von Riesil entwickelt.

b. Untersuchen Sie, ob Fabrikant Dasch seinen Marktanteil am Waschmittelmarkt durch die Einführung von Riesil langfristig erhöhen wird.

c. Berechnen Sie $\begin{pmatrix} 0{,}8 & 0{,}1 & 0{,}1 \\ 0{,}1 & 0{,}7 & 0{,}4 \\ 0{,}1 & 0{,}2 & 0{,}5 \end{pmatrix} \cdot \begin{pmatrix} 0{,}5 & 1 & 0 \\ 0{,}5 & 0 & 0{,}5 \\ 0 & 0 & 0{,}5 \end{pmatrix}$ und interpretieren Sie das Ergebnis.

Lösung zu a :

Das Kaufverhalten kann man in der Matrix B beschreiben. Es gilt : $B = \begin{pmatrix} 0{,}8 & 0{,}1 & 0{,}1 \\ 0{,}1 & 0{,}7 & 0{,}4 \\ 0{,}1 & 0{,}2 & 0{,}5 \end{pmatrix}$ (AOR)

1. Kauf : $\begin{pmatrix} 0{,}8 & 0{,}1 & 0{,}1 \\ 0{,}1 & 0{,}7 & 0{,}4 \\ 0{,}1 & 0{,}2 & 0{,}5 \end{pmatrix} \cdot \begin{pmatrix} 0{,}6 \\ 0{,}4 \\ 0 \end{pmatrix} = \begin{pmatrix} 0{,}52 \\ 0{,}34 \\ 0{,}14 \end{pmatrix}$ 2. Kauf : $\begin{pmatrix} 0{,}8 & 0{,}1 & 0{,}1 \\ 0{,}1 & 0{,}7 & 0{,}4 \\ 0{,}1 & 0{,}2 & 0{,}5 \end{pmatrix} \cdot \begin{pmatrix} 0{,}52 \\ 0{,}34 \\ 0{,}14 \end{pmatrix} = \begin{pmatrix} 0{,}464 \\ 0{,}346 \\ 0{,}190 \end{pmatrix}$

3. Kauf : $\begin{pmatrix} 0{,}8 & 0{,}1 & 0{,}1 \\ 0{,}1 & 0{,}7 & 0{,}4 \\ 0{,}1 & 0{,}2 & 0{,}5 \end{pmatrix} \cdot \begin{pmatrix} 0{,}464 \\ 0{,}346 \\ 0{,}190 \end{pmatrix} = \begin{pmatrix} 0{,}4248 \\ 0{,}3646 \\ 0{,}2106 \end{pmatrix}$ 4. Kauf : $\begin{pmatrix} 0{,}8 & 0{,}1 & 0{,}1 \\ 0{,}1 & 0{,}7 & 0{,}4 \\ 0{,}1 & 0{,}2 & 0{,}5 \end{pmatrix} \cdot \begin{pmatrix} 0{,}4248 \\ 0{,}3646 \\ 0{,}2106 \end{pmatrix} = \begin{pmatrix} 0{,}39736 \\ 0{,}38194 \\ 0{,}22070 \end{pmatrix}$

Lösung zu b : Gibt es einen Fixvektor $\vec{x} = \begin{pmatrix} x_1 \\ x_2 \\ x_3 \end{pmatrix}$ mit $x_1 + x_2 + x_3 = 1$ und mit der Eigenschaft

$B \cdot \vec{x} = \vec{x}$?

Die Vektorgleichung mit der Nebenbedingung ist äquivalent zum Gleichungssystem (*)

$$
\begin{aligned}
-0{,}2 \cdot x_1 &+ 0{,}1 \cdot x_2 &+ 0{,}1 \cdot x_3 &= 0 \\
\wedge \quad 0{,}1 \cdot x_1 &- 0{,}3 \cdot x_2 &+ 0{,}4 \cdot x_3 &= 0 \\
\wedge \quad 0{,}1 \cdot x_1 &+ 0{,}2 \cdot x_2 &- 0{,}5 \cdot x_3 &= 0 \\
\wedge \quad x_1 &+ x_2 &+ x_3 &= 1
\end{aligned}
$$

$$
\begin{pmatrix} 0{,}8 & 0{,}1 & 0{,}1 \\ 0{,}1 & 0{,}7 & 0{,}4 \\ 0{,}1 & 0{,}2 & 0{,}5 \end{pmatrix} \cdot \begin{pmatrix} x_1 \\ x_2 \\ x_3 \end{pmatrix} = \begin{pmatrix} x_1 \\ x_2 \\ x_3 \end{pmatrix} \Rightarrow x_1 = \frac{7}{21} = \frac{1}{3} \wedge x_2 = \frac{9}{21} = \frac{3}{7} \wedge x_3 = \frac{5}{21}.
$$

Mit $\frac{12}{21} = \frac{7}{21} + \frac{5}{21} \approx 0{,}57$ als langfristigem Anteil für Arimat und Riesil zusammen würde Fabrikant Dasch etwas an Markanteilen verlieren.

Lösung zu c : $\begin{pmatrix} 0{,}8 & 0{,}1 & 0{,}1 \\ 0{,}1 & 0{,}7 & 0{,}4 \\ 0{,}1 & 0{,}2 & 0{,}5 \end{pmatrix} \cdot \begin{pmatrix} 0{,}5 & 1 & 0 \\ 0{,}5 & 0 & 0{,}5 \\ 0 & 0 & 0{,}5 \end{pmatrix} = \begin{pmatrix} 0{,}45 & 0{,}8 & 0{,}10 \\ 0{,}40 & 0{,}1 & 0{,}55 \\ 0{,}15 & 0{,}1 & 0{,}35 \end{pmatrix}$

Es sind drei Informationen enthalten, die man so interpretieren kann :
- Wird gleich viel Arimat und Omil, aber kein Riesil verkauft (1. Spalte der 2. Matrix), haben wir beim nächsten Kauf die Verteilung : 45 % kaufen Arimat, 40 % Omil und 15 % Riesil.
- Wird nur Arimat gekauft (2. Spalte der 2. Matrix), haben wir beim nächsten Kauf folgende Verteilung : 80 % kaufen Arimat, je 10 % Omil oder Riesil.
- Wird gleich viel Omil und Riesil, aber kein Arimat verkauft (3. Spalte der 2. Matrix), haben wir beim nächsten Kauf die Verteilung : 10 % kaufen Arimat, 55 % Omil und 35 % Riesil.

Dabei setzen wir voraus, dass das Kaufverhalten immer durch die Matrix B beschrieben wird.

Was das elektronische Hilfsmittel leisten muss :

Eingabe der Daten der Übergangsmatrix in eine 3 x 3-Matrix „kauf".

Lösung zu a : Eingabe der Anfangsverteilung in einen Spaltenvektor „vtlgrel". Wir wollen die Entwicklung der Marktanteile der Waschmittel verfolgen und iterieren das Matrix-Vektor-produkt (kauf * vtlgrel). Wir sehen, wie der neue Verteilungsvektor für jeden weiteren Kauf ausgegeben wird. Wir können solange iterieren, bis wir etwas Besonderes bemerken. Anstelle des Vektors vltgrel mit relativen Häufigkeiten können wir auch einen Vektor mit absoluten Zahlen vtlgabs eingeben und beobachten, wie sich bei insgesamt immer 100 000 Käufern die Verteilung auf die einzelnen Waschmittel entwickelt.

Das, was wir gemacht haben, können wir so beschreiben : Wir haben allgemein die Matrix A mit dem Zustandsvektor $\vec{x}_n$ multipliziert. Das Ergebnis war ein neuer Zustandsvektor, allgemein $\vec{x}_{n+1}$. Mit n zählen wir die Zahl der Käufe. Dies schreiben wir allgemein in rekursiver Darstellung : $\vec{x}_{n+1} = A \cdot \vec{x}_n$. Die explizite Darstellung dazu lautet : $\vec{x}_n = A^n \cdot \vec{x}_0$. Wenn Matrizen-potenzen noch nicht eingeführt sein sollten, hier wird die Definition einer solchen Operation motiviert. Wir lassen mehrere Matrizenpotenzen berechnen. Am Ende können wir folgende Beobachtung festhalten : Es sieht so aus, als ob sich die Zustandsvektoren einem Vektor, dem Fixvektor, nähern und die Matrizenpotenzen einer Fixmatrix.

Lösung zu b : Wir geben eine neue 4x4-Matrix koeff ein, in die wir alle Koeffizienten des oben angegebenen Gleichungssystems (*) zur Bestimmung des Fixvektors genauso wie im Glei-chungssystem Zeile für Zeile und Spalte für Spalte einschreiben, bringen diese Matrix auf

Diagonalenform und lesen die Lösungen ab. Als Probe speichern wir noch [1/3;3/7;5/21] als fixvek ab und lassen (kauf * fixvek) berechnen.

Lösung zu c : Wir geben die Koeffizienten der zweiten Matrix als 3x3-Matrix matc ein und lassen das Produkt (kauf * matc) berechnen.

8.3 Verflechtungsmatrizen - Produktionsvektoren - innerer Bedarf

Aufgabe : Ein Halbaddierer besteht aus einem NOR-Gatter, zwei UND-Gattern und einem ODER-Gatter. Ein UND-Gatter lässt sich aus drei NOR-Gattern, ein ODER-Gatter aus zwei NOR-Gattern aufbauen. Für ein NOR-Gatter benötigt man drei Widerstände und zwei Transistoren.

a. Es liegt eine Bestellung von 2000 UND-Gattern, 1500 ODER-Gattern und 4000 Halbaddierern vor. Bestimmen Sie den Produktionsvektor.

b. Aus zwei Halbaddierern und einem ODER-Gatter lässt sich ein Volladdierer bauen. Ein für die Addition von zwei n-stelligen Dualzahlen brauchbares Addierwerk besteht aus einem Halbaddierer und n-1 Volladdierern. Bestimmen Sie den Produktionsvektor für eine Bestellung von 3 000 Addierwerken für 16-stellige Dualzahlen, 5 000 Volladdierern und 2500 Halbaddierern.

Lösung zu a :

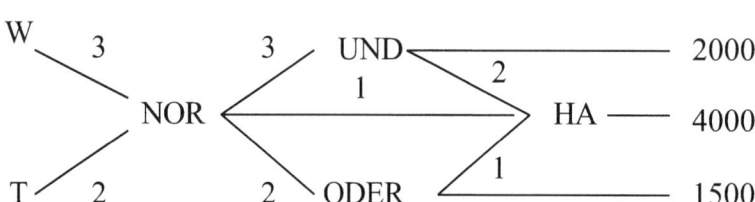

Wir stellen die Angaben in einem sogenannten Gozintographen dar. Er ist von links nach rechts zu lesen; die Zahlen an den Strecken geben dabei die zur Herstellung von einem Exemplar des rechts stehenden Produkts erforderlichen Anzahlen der links davon angeordneten Produkte an. Der Begriff des Gozintographen geht auf A. Vazsonyi zurück, der ihn dem von ihm selbst erfundenen italienischen Mathematiker Zeparzat Gozinto zugeschrieben hat. Spricht man diesen Namen aus wie „the part that goes into", dann erkennt man die beabsichtigte Bedeutung. W (Widerstand) und T (Transistor) sind die Rohmaterialien, NOR ist das Zwischenprodukt sowie UND, ODER und HA die Endprodukte. x_1 ist Variable für die Anzahl der benötigten Widerstände, x_2 für die Anzahl der Transistoren, x_3 für die NOR-Gatter, x_4 für die ODER-Gatter, x_5 für die UND-Gatter und x_6 für die Halbaddierer. Wir erhalten folgendes Gleichungssystem (∗) :

$$x_1 = 3 \cdot x_3$$
$$\wedge\ x_2 = 2 \cdot x_3$$
$$\wedge\ x_3 = 2 \cdot x_4 + 3 \cdot x_5 + x_6$$
$$\wedge\ x_4 = x_6 + 1\,500$$
$$\wedge\ x_5 = 2 \cdot x_6 + 2\,000$$
$$\wedge\ x_6 = 4\,000$$

Dieses Gleichungssystem hat die Lösung :

$x_1 = 135\,000 \wedge x_2 = 90\,000 \wedge x_3 = 45\,000 \wedge x_4 = 5\,500 \wedge x_5 = 10\,000 \wedge x_6 = 4\,000$. Wir können diese Lösung zu einem Lösungsvektor $\vec{x}$ zusammenfassen. Subtrahieren wir von diesem Produktionsvektor $\vec{x}$ den 6-dimensionalen Bestellvektor $\vec{y}$ (auch Outputvektor genannt), erhalten wir einen 6-dimensionalen Vektor $\vec{i}$, in dem wir alle für die Herstellung der bestellten Ware benötigten Produkte ablesen können.

Also $\vec{x} - \vec{y} = \vec{i}$ oder ausführlich :
$$\begin{pmatrix} 135\,000 \\ 90\,000 \\ 45\,000 \\ 5\,500 \\ 10\,000 \\ 4\,000 \end{pmatrix} - \begin{pmatrix} 0 \\ 0 \\ 0 \\ 1\,500 \\ 2\,000 \\ 4\,000 \end{pmatrix} = \begin{pmatrix} 135\,000 \\ 90\,000 \\ 45\,000 \\ 4\,000 \\ 8\,000 \\ 0 \end{pmatrix}.$$

Für den inneren Verbrauch (die Herstellung der bestellten Ware) werden 135 000 Widerstände, 90 000 Transistoren, 45 000 NOR-Gatter, 4 000 ODER-Gatter und 8 000 UND-Gatter benötigt.

Wir könnten es bei dieser Lösung bewenden lassen. Wir wollen aber an diesem überschaubaren Beispiel etwas lernen. Das obige Gleichungssystem (*) können wir so interpretieren : Links steht der Produktionsvektor $\vec{x}$. Rechts vom Gleichheitszeichen steht eine Summe : Erster Summand ist das Produkt aus einer 6x6-Matrix, der Verflechtungsmatrix V, mit dem Produktionsvektor $\vec{x}$, zweiter Summand ist der Bestellvektor $\vec{y}$. Ausführlich geschrieben :

$$\vec{x} = V \cdot \vec{x} + \vec{y} \quad \text{mit} \quad \vec{x} = \begin{pmatrix} x_1 \\ x_2 \\ x_3 \\ x_4 \\ x_5 \\ x_6 \end{pmatrix}, \quad V = \begin{pmatrix} 0 & 0 & 3 & 0 & 0 & 0 \\ 0 & 0 & 2 & 0 & 0 & 0 \\ 0 & 0 & 0 & 2 & 3 & 1 \\ 0 & 0 & 0 & 0 & 0 & 1 \\ 0 & 0 & 0 & 0 & 0 & 2 \\ 0 & 0 & 0 & 0 & 0 & 0 \end{pmatrix} \quad \text{und} \quad \vec{y} = \begin{pmatrix} 0 \\ 0 \\ 0 \\ 1500 \\ 2000 \\ 4000 \end{pmatrix}.$$

Aus $\vec{x} = V \cdot \vec{x} + \vec{y}$ folgt : $\vec{x} - \vec{y} = V \cdot \vec{x}$. Damit können wir $V \cdot \vec{x}$ interpretieren als Vektor, der den inneren Verbrauch, also die für die Herstellung der bestellten Ware benötigten Produkte, angibt.

Anhand der Umformungen des Gleichungssystems (*) können wir die Umformungen der Vektorgleichung $\vec{x} = V \cdot \vec{x} + \vec{y}$ verdeutlichen : $\vec{x} = V \cdot \vec{x} + \vec{y} \Leftrightarrow E \cdot \vec{x} = V \cdot \vec{x} + \vec{y} \Leftrightarrow$
$(E - A) \cdot \vec{x} = \vec{y} \Leftrightarrow (E - A)^{-1} \cdot (E - A) \cdot \vec{x} = (E - A)^{-1} \cdot \vec{y} \Leftrightarrow \vec{x} = (E - A)^{-1} \cdot \vec{y}$, sofern die Matrix (E - A) invertierbar ist, also eine Inverse $(E - A)^{-1}$ besitzt. Benutzt wurden dabei die beiden einsichtigen Beziehungen : $E \cdot \vec{x} = \vec{x}$, wobei E die 6x6-Einheitsmatrix ist, bei der in der Hauptdiagonale 1 steht, an allen anderen Stellen 0 sowie $X^{-1} \cdot X = E$.

Die matriziellen Verfahren werden mit dem Taschencomputer ausgeführt.

Lösung zu b : Der Gozintograph sieht in diesem Fall so aus :

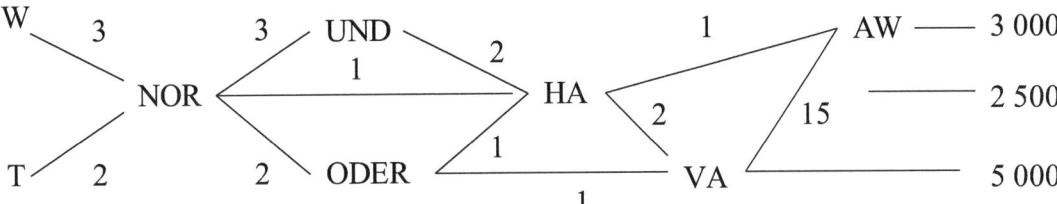

Neben den bereits benutzten Variablen verwenden wir noch zusätzlich x_7 als Variable für die Anzahl der Volladdierer und x_8 für die Addierwerke. Wir erhalten das Gleichungssystem (**):

$$x_1 = 3 \cdot x_3$$
$$\wedge \ x_2 = 2 \cdot x_3$$
$$\wedge \ x_3 = 2 \cdot x_4 + 3 \cdot x_5 + x_6$$
$$\wedge \ x_4 = x_6 + x_7$$
$$\wedge \ x_5 = 2 \cdot x_6$$
$$\wedge \ x_6 = 2 \cdot x_7 + x_8 + 2\,500$$
$$\wedge \ x_7 = 15 \cdot x_8 + 5\,000$$
$$\wedge \ x_8 = 3\,000$$

Dieses Gleichungssystem hat die Lösung : $x_1 = 3\,148\,500 \ \wedge \ x_2 = 2\,099\,000 \ \wedge \ x_3 = 1\,049\,500 \ \wedge x_4 = 155\,500 \ \wedge x_5 = 211\,000 \ \wedge x_6 = 105\,500 \ \wedge \ x_7 = 50\,000 \ \wedge \ x_8 = 3\,000$.

Was das elektronische Hilfsmittel leisten muss :

Dateneingabe der Verflechtungsmatrix verfleca in einer 6 x 6-Matrix.

Lösung zu a : Eingabe des Bestellvektors bestalla als Spaltenvektor. (E – verflecha)$^{-1}$ * bestalla berechnen und abspeichern als produkta. (Verfleca * Produkta) und (bestella – produkta).

Lösung zu b : Zuerst geben wir die 8x8-Verflechtungsmatrix „verflecb" ein. Ansonsten können wir das Vorgehen von Aufgabe a übernehmen, müssen es nur auf die neuen Verhältnisse übertragen.

Wir könnten in beiden Aufgaben auch anders vorgehen, um den Produktionsvektor zu berechnen. Wir geben zuerst die erweiterte Koeffizientenmatrix „koeff" (in Aufgabe a mit 6 Zeilen und 7 Spalten, in b mit 8 Zeilen und 9 Spalten) ein. Diese besteht aus der Matrix E -V (V Verflechtungsmatrix), an die als letzte Spalte der Bestellvektor angehängt wird. Dann können wir die Matrix so auf Diagonalform bringen, dass wir die Lösungen für die einzelnen Variablen in der letzten Spalte ablesen können. Diese letzte Spalte stellt also den Produktionsvektor dar.

8.4 Abbildungen - Abbildungsmatrizen

Aufgabe : Gegeben sind die Punkte A = (2 | 1), B = (5 | 1), C = (1 | 4) und ihre Bildpunkte A' = (2 | -1), B' = (-1 | -1), C' = (3 | -4).

a. Zeichnen Sie die Dreiecke ABC und A'B'C'.

b. Zeigen Sie, dass es eine affine Abbildung gibt, die jedem Originalpunkt des $\mathbb{R}^2$ den zugehörigen Bildpunkt des $\mathbb{R}^2$ zuordnet und interpretieren Sie die Abbildungsvorschrift.

c. Untersuchen Sie, welche besonderen Eigenschaften diese Abbildung hat.

d. Zeigen Sie, dass man die Abbildung als Verknüpfung von zwei Achsenspiegelungen darstellen kann.

Lösung zu a : Das Bild können Lesende selbständig erstellen.

Lösung zu b : Wenn es eine Matrix A = $\begin{pmatrix} a & b \\ c & d \end{pmatrix}$ mit reellen Koordinaten a, b, c und d sowie einen Verschiebevektor $\vec{v} = \begin{pmatrix} e \\ f \end{pmatrix}$ mit reellen Koordinaten e und f gibt, so dass jedem Vektor $\vec{x}$ = $\begin{pmatrix} x \\ y \end{pmatrix} \in \mathbb{R}^2$ durch die Abbildungsvorschrift $A \cdot \vec{x}$ genau ein Bildvektor aus dem $\mathbb{R}^2$ zugeordnet wird, so liegt eine affine Abbildung des $\mathbb{R}^2$ in den $\mathbb{R}^2$ vor. Wir kennen drei Originalpunkte und ihre Bilder und können also sechs Gleichungen für die sechs Variablen aufstellen :

$$\begin{pmatrix} a & b \\ c & d \end{pmatrix} \cdot \begin{pmatrix} 2 \\ 1 \end{pmatrix} + \begin{pmatrix} e \\ f \end{pmatrix} = \begin{pmatrix} 2 \\ -1 \end{pmatrix} \Rightarrow 2a + b + e = 2 \ \wedge \ 2c + d + f = -1$$

$$\begin{pmatrix} a & b \\ c & d \end{pmatrix} \cdot \begin{pmatrix} 5 \\ 1 \end{pmatrix} + \begin{pmatrix} e \\ f \end{pmatrix} = \begin{pmatrix} -1 \\ -1 \end{pmatrix} \Rightarrow 5a + b + e = -1 \wedge 5c + d + f = -1$$

$$\begin{pmatrix} a & b \\ c & d \end{pmatrix} \cdot \begin{pmatrix} 1 \\ 4 \end{pmatrix} + \begin{pmatrix} e \\ f \end{pmatrix} = \begin{pmatrix} 3 \\ -4 \end{pmatrix} \Rightarrow a + 4b + e = 3 \wedge c + 4d + f = -4$$

Die Lösung lautet : $a = -1 \wedge b = 0 \wedge c = 0 \wedge d = -1 \wedge e = 4 \wedge f = 0$

Es ist $\left| \begin{pmatrix} -1 & 0 \\ 0 & -1 \end{pmatrix} \right| = 1$. Die affine Abbildung $\begin{pmatrix} -1 & 0 \\ 0 & -1 \end{pmatrix} \cdot \vec{x} + \begin{pmatrix} 4 \\ 0 \end{pmatrix} = \vec{x}'$ ordnet jedem Ortsvektor $\vec{x}$, Original genannt, den Ortsvektor $\vec{x}'$, Bild genannt, zu. Die Matrix $\begin{pmatrix} -1 & 0 \\ 0 & -1 \end{pmatrix}$ beschreibt eine Punktspiegelung am Koordinatenursprung, der Vektor $\begin{pmatrix} 4 \\ 0 \end{pmatrix}$ eine Verschiebung des durch die Punktspiegelung erzeugten Zwischenbildes um 4 Einheiten parallel zur x-Achse.

Lösung zu c :

Fixpunkte : $\begin{pmatrix} -1 & 0 \\ 0 & -1 \end{pmatrix} \cdot \begin{pmatrix} x \\ y \end{pmatrix} + \begin{pmatrix} 4 \\ 0 \end{pmatrix} = \begin{pmatrix} x \\ y \end{pmatrix} \Rightarrow -x + 4 = x \wedge -y = y \Leftrightarrow x = 2 \wedge y = 0.$ Der Punkt $\begin{pmatrix} 2 \\ 0 \end{pmatrix}$ wird als einziger Punkt der Ebene auf sich selbst abgebildet. Es gibt also keine Fixpunktgerade, das heißt, eine Gerade, die nur aus Fixpunkten besteht.

Abbildungsmaßstab/Umlaufsinn : Es ist $\left| \begin{pmatrix} -1 & 0 \\ 0 & -1 \end{pmatrix} \right| = 1$. Da die Determinante der Abbildungsmatrix also den Wert 1 hat, sind Original- und Bildfigur kongruent. Die Abbildung ist flächentreu. Da die Determinante der Abbildungsmatrix einen positiven Wert hat, haben eine geschlossene Original- und Bildfigur den gleichen Umlaufsinn.

Fixgeraden : Wir bilden eine beliebige Gerade g mit $\vec{x} = k \cdot \begin{pmatrix} a \\ b \end{pmatrix} + \begin{pmatrix} c \\ d \end{pmatrix}$ mit a, b, c, d $\in \mathbb{R}$ und $(a \mid b) \neq (0 \mid 0)$ mit Hilfe der Abbildungsvorschrift von Aufgabe a ab und erhalten :

$$\begin{pmatrix} -1 & 0 \\ 0 & -1 \end{pmatrix} \cdot \left(k \cdot \begin{pmatrix} a \\ b \end{pmatrix} + \begin{pmatrix} c \\ d \end{pmatrix} \right) + \begin{pmatrix} 4 \\ 0 \end{pmatrix} = k \cdot \begin{pmatrix} -a \\ -b \end{pmatrix} + \begin{pmatrix} -c \\ -d \end{pmatrix} + \begin{pmatrix} 4 \\ 0 \end{pmatrix} = (-1) \cdot k \cdot \begin{pmatrix} a \\ b \end{pmatrix} + \begin{pmatrix} 4 - c \\ -d \end{pmatrix}.$$

Wir lesen aus dem Ergebnis folgende Konsequenzen ab :
1. Das Bild einer Geraden ist wieder eine Gerade.
2. Der Richtungsvektor der Bildgeraden ist der Gegenvektor zum Richtungsvektor der Originalgeraden. Original- und Bildgerade sind also parallel.
3. Alle Geraden durch den Fixpunkt $\begin{pmatrix} 2 \\ 0 \end{pmatrix}$ sind Fixgeraden. Dabei muss der Fixpunkt nicht notwendig der Endpunkt des Einstiegvektors sein.
4. Es gibt keine weiteren Fixgeraden. Bei einer Geraden, die nicht durch den Fixpunkt geht, können wir den Einstiegsvektor so wählen, dass er zu einem Punkt auf der Geraden oberhalb oder unterhalb der x-Achse führt. Der Bildvektor dieses Einstiegsvektors führt zu einem Punkt auf der bezüglich der x-Achse anderen Halbebene; denn die zweite Koordinate d des Originaleinstiegsvektors wird beim zugehörigen Bildvektor zu –d. In diesem Fall sind Bild- und Originalgerade nach 2. zwar parallel, aber nicht gleich.

Lösung zu d : Das Bild aus Aufgabe a legt folgende Vermutung nahe : Wir können eine Achsenspiegelung (Sp1) an der x-Achse und eine Achsenspiegelung (Sp2) an der Parallelen zur y-Achse mit der Gleichung x = 2 miteinander verknüpfen und erhalten so die affine Abbildung aus Aufgabe b.

Bei der Spiegelung an der x-Achse (Sp1) sehen wir auch ohne ausführliche Rechnung :

$\begin{pmatrix} 1 & 0 \\ 0 & -1 \end{pmatrix} \cdot \vec{x} = \vec{x}'$ ordnet jedem Originalvektor $\vec{x} = \begin{pmatrix} x \\ y \end{pmatrix}$ den Bildvektor $\vec{x}' = \begin{pmatrix} x \\ -y \end{pmatrix}$ zu.

Bei der Spiegelung der Parallelen zur y-Achse mit der Gleichung x = 2 wählen wir drei Punkte und ihre Bildpunkte, um daraus wie in Aufgabe b die Koeffizienten a, b, c, und d der Abbildungsmatrix sowie e und f des Verschiebevektors zu berechnen :

A = (0 | 0), A' = (4 | 0), B = (2 | 0), B' = (2 | 0), C = (0 | 1) und C' = (4 | 1). Daraus folgt (bitte nachrechnen !) : a = -1 ∧ b = 0 ∧ c = 0 ∧ d = 1 ∧ e = 4 ∧ f = 0.

Bei der Spiegelung an x = 2 (Sp2) gilt : $\begin{pmatrix} -1 & 0 \\ 0 & 1 \end{pmatrix} \cdot \vec{x} + \begin{pmatrix} 4 \\ 0 \end{pmatrix} = \vec{x}'$ ordnet jedem Originalvektor $\vec{x} = \begin{pmatrix} x \\ y \end{pmatrix}$ den Bildvektor $\vec{x}' = \begin{pmatrix} 4 - x \\ y \end{pmatrix}$ zu. Zwischenergebnis : Sp2 kann als Spiegelung an der y-Achse mit nachfolgender Verschiebung des Zwischenbildes um 4 Einheiten parallel zur x-Achse in positiver x-Richtung aufgefasst werden.

Abbildung aus Aufgabe b : $\begin{pmatrix} -1 & 0 \\ 0 & -1 \end{pmatrix} \cdot \vec{x} + \begin{pmatrix} 4 \\ 0 \end{pmatrix} = \begin{pmatrix} 4 - x \\ -y \end{pmatrix}$

Sp1o Sp2 : $\begin{pmatrix} 1 & 0 \\ 0 & -1 \end{pmatrix} \cdot \left(\begin{pmatrix} -1 & 0 \\ 0 & 1 \end{pmatrix} \cdot \vec{x} + \begin{pmatrix} 4 \\ 0 \end{pmatrix} \right) = \begin{pmatrix} 4 - x \\ -y \end{pmatrix}$

Sp2o Sp1 : $\begin{pmatrix} -1 & 0 \\ 0 & 1 \end{pmatrix} \cdot \left(\begin{pmatrix} 1 & 0 \\ 0 & -1 \end{pmatrix} \cdot \vec{x} \right) + \begin{pmatrix} 4 \\ 0 \end{pmatrix} = \begin{pmatrix} 4 - x \\ -y \end{pmatrix}$

Also kann die affine Abbildung $\begin{pmatrix} -1 & 0 \\ 0 & -1 \end{pmatrix} \cdot \vec{x} + \begin{pmatrix} 4 \\ 0 \end{pmatrix} = \vec{x}'$ durch das Nacheinanderausführen in beliebiger Reihenfolge von Sp1 und Sp2 erzeugt werden.

Was das elektronische Hilfsmittel leisten muss :

Lösung zu a : Eingabe der Koordinaten der gegebenen 6 Punkte in 4 Listen, 2 für die 3 Originale, 2 für die 3 Bilder, jeweils 1 Liste für die 1. Koordinate und eine für die 2. Damit wir zwei geschlossene Dreiecke zeichnen können, müssen wir den ersten Punkt in beiden Fällen noch einmal in den Listen zum Abschluss eingeben. Zeichnen der Dreiecke als Liniengraph.

Lösung zu b : Eingabe einer 2x2-Matrix abb mit den Koeffizienten a, b, c und d. Eingabe des Schubvektors schub als Spaltenvektor mit den Variablen e und f. Es empfiehlt sich, zusätzlich als Sicherheitsreserve abb in einer temporäre 2x2-Matrix temp und schub in einen temporären Schubvektor tmp abzuspeichern. Herstellen der 3 Gleichungen des Gleichungssystems wie folgt : abb*[2;1] +schub = [2;-1] und abspeichern als gls1, gls2 und gls3 analog. Lösen des Gleichungssystems der 6 Gleichungen nach a, b, c, d, e und f. Eingabe der Lösungen für a, b, c und d bei abb und der Lösungen für e und f bei schub. Berechnen der Determinante der Abbildungsmatrix abb.

Lösung zu c : Lösen der Gleichung abb*[x;y] + schub = [x;y] nach x und y. Alternative : Aus $A \cdot \vec{x} + \vec{v} = \vec{x}$ folgt : $A \vec{x} + \vec{v} = E \vec{x} \Leftrightarrow \vec{x} = (E - A)^{-1} \vec{v}$, also (E – abb)$^{-1}$*schub ausrechnen lassen. Dann abb*(k*[a;b] + [c;d] + [4;0]. Im Ergebnis müssen die Lernenden den Richtungs- und den Einstiegsvektor erkennen.

Lösung zu d : Die beiden Abbildungsmatrizen abb1 und abb2 bestimmen wir wie in Aufgabenteil b. Wir denken uns drei Punkte aus, bestimmen dazu die Koordinaten der zugehörigen Bildpunkte und setzen die Lösungen in die ursprüngliche Matrix temp ein, die wir vorsorglich in einem anderen Ordner als Sicherheitsreserve abgespeichert haben. Wir bilden dann den Lösungsweg wie in den mathematischen Ausführungen beschrieben ab.

9. Berechnen von Binomialwahrscheinlichkeiten

9.1. Einleitung

In dieser verkürzten Darstellung von Wirths (1998) möchte ich keine Unterrichtseinheit beschreiben oder Aufgaben darstellen, sondern einen Algorithmus vorstellen, mit dem alle schulrelevanten Aufgaben, die eine Berechnung von Einzel- und Bereichswahrscheinlichkeiten im Modell der Binomialverteilung verlangen, exakt - und nicht wie bisher üblich nur näherungsweise im Modell der Normalverteilung - gelöst werden können.

9.2 Die explizite Darstellung

Ein Arbeiten mit der expliziten Darstellung $B(n, p, k) = \binom{n}{k} \cdot p^k \cdot q^{n-k}$ führt zur direkten Übersetzung der im Unterricht erarbeiteten mathematischen Terme und ist für Lernende leicht nachvollziehbar und zu verfolgen. Diesem Vorteil stehen jedoch Nachteile entgegen :

- Im Produkt $\binom{n}{k} \cdot p^k \cdot q^{n-k}$ gibt es zwei entgegengesetzte Tendenzen : Während für große n und k der Binomialkoeffizient $\binom{n}{k}$ leicht zu einem Rechner-„Overflow" führt, weil die Darstellungskapazität des Rechners überschritten wird, besteht bei den beiden Potenzen p^k sowie q^{n-k} die Gefahr, dass sie bei großen Exponenten so klein werden, dass der Rechner sie nur noch als 0 darstellen kann. Wie man beide Tendenzen geschickt kombinieren kann, wird in Abschnitt 9.4 beschrieben.

- Die Berechnung von Binomialkoeffizienten und von Potenzen dauert erheblich länger als das Ausführen von Grundrechenarten. Beim Berechnen von Bereichswahrscheinlichkeiten, wo eine große Anzahl von Einzelwahrscheinlichkeiten ermittelt und dann aufsummiert werden muss, kann das zu einer längeren bis hin für den Unterricht unzumutbar langen Rechenzeit führen, sofern der Rechner die Berechnung überhaupt schafft.

- Jeder kann im Handbuch seines Hilfsmittels nachlesen, ob Einzel- und Bereichswahrscheinlichkeiten im Modell der Binomialverteilung berechnet werden, und wenn ja, wie sie berechnet werden; denn auch wenn „binom…" oder etwas,, was darauf hinweist, drauf steht, ist nicht immer gewährleistet, dass exakt im Modell der Binomialverteilung, sondern nur näherungsweise berechnet wird. Das ist eben für Programmierer einfacher nach dem Motto „Das macht doch nichts, das merkt doch keiner".

9.3 Die rekursive Darstellung

Beim Berechnen von Binomialwahrscheinlichkeiten mit Hilfe der in Kapitel 7.3 in Wirths (2020) hergeleiteten rekursiven Gleichung $B(n, p, k) = \dfrac{n+1-k}{k} \cdot \dfrac{p}{1-p} \cdot B(n, p, k-1)$ werden nur Grundrechenarten benutzt, die vom Computer besonders schnell abgearbeitet werden können. Außerdem erhält man die nächste Wahrscheinlichkeit unter direkter Nutzung aller vorigen Ergebnisse. Diesen Vorteilen stehen auch Nachteile gegenüber. Man beginnt die Rechnung mit $P(X = 0)$ oder $P(X = n)$, also mit den kleinsten Wahrscheinlichkeiten einer Binomialverteilung, und berechnet auf dieser Basis alle weiteren Wahrscheinlichkeiten. Wenn die Startwahrscheinlichkeit aber so klein ist, dass sie der Rechner nur noch als „0" ausgeben kann, dann werden alle anderen Wahrscheinlichkeiten bei dieser Rekursion ebenfalls als „0" errechnet. Man kann versuchen, das Eintreten dieses Falls etwas hinauszuzögern und mit der größeren der beiden Zahlen q^n oder p^n zu starten, jedoch hat man bei p = q = 0,5 keine Wahl. Hier macht sich das Abrunden zu „0" bei größer werdendem n zuerst bemerkbar.

Die rekursive Darstellung eignet sich auch hervorragend zur Programmierung in Rechenblättern. Zuerst gibt man die Startzeile mit $q^n = (1 - p)^n$ oder p^n ein, je nach Wahl der Laufrichtung, in der folgenden Zeile die Rekursionsvorschrift. Nun kann man diese Rekursionsvorschrift so oft in die folgenden Zeilen kopieren, wie Ergebnisse benötigt werden. Dies ist bequem, schnell zu programmieren, von den Lernenden leicht nachzuvollziehen und selbständig durchzuführen. Es sollte allerdings auch hier immer vorher getestet werden, ob die Anfangswahrscheinlichkeit bereits als 0 ausgegeben wird. Aber auch bei sehr kleinen Werten von q^n oder p^n, die an der unteren Grenze der Darstellungsmöglichkeit für Dezimalzahlen der benutzten Software liegen, können zum Teil erhebliche Rundungsfehler auftreten, die sich dann bei der Rekursion fortpflanzen.

9.4. Der neue Algorithmus

Der in Abschnitt 9.3 beschriebene Algorithmus beginnt mit der Berechnung der kleinsten Wahrscheinlichkeit, die bei großem n vom Rechner nur noch als „0" ausgegeben wird. Engel (1987, S. 134-136) versucht, durch Logarithmieren diesen Algorithmus zu verbessern. Hier soll dieser Weg nicht weiterverfolgt werden, logarithmieren wird im Rechner nur als Näherung durchgeführt. Stattdessen wird ein anderer Algorithmus betrachtet, der mit der größten Wahrscheinlichkeit der Binomialverteilung beginnt, von dieser ausgehend alle anderen Wahrscheinlichkeiten rekursiv nach beiden Richtungen hin berechnet, dabei rechner- oder softwarebedingte Näherungsverfahren wie zum Beispiel Logarithmieren vermeidet, und so eine exakte Berechnung von Bereichswahrscheinlichkeiten in angemessener Zeit ermöglicht.

Die größte Wahrscheinlichkeit liegt in der Nähe des Erwartungswerts $\mu = n \cdot p$. Unter den Wahrscheinlichkeiten B(n, p, k) ist die für $k = [(n+1) \cdot p]$ am größten, wobei die eckige Klammer als Gauß-Klammer aufgefasst wird. Die möglichst effektive Berechnung dieser größten Wahrscheinlichkeit ist Kern eines Algorithmus, der hier mit seinen drei wesentlichen Schritten kurz erläutert werden soll. Das als Anlage abgedruckte Listing eines Basic-Programms kann parallel zur Darstellung der drei Schritte gelesen werden und so eine erste Hilfe bieten.

Schritt 1 : Die Berechnung der maximalen Wahrscheinlichkeit an der Stelle k_{max}

Will man den Binomialkoeffizienten $\binom{n}{k} = \dfrac{n!}{(n-k)! \cdot k!}$ kürzen, gibt es zwei Möglichkeiten :

a. Man dividiert Zähler und Nenner durch (n - k)! und erhält $\dfrac{n \cdot (n-1) \cdot \ldots \cdot (n-k+1)}{k \cdot (k-1) \cdot \ldots \cdot 1}$

b. oder man kürzt durch k! und erhält $\dfrac{n \cdot (n-1) \cdot \ldots \cdot (k+1)}{(n-k) \cdot (n-k-1) \cdot \ldots \cdot 1}$.

Daher gibt es für B(n, p, k) folgende drei Darstellungen : $B(n, p, k) = \binom{n}{k} \cdot p^k \cdot q^{n-k} =$

$$\frac{n \cdot (n-1) \cdot \ldots \cdot (n-k+1)}{k \cdot (k-1) \cdot \ldots \cdot 1} \cdot p^k \cdot q^{n-k} = \frac{n \cdot (n-1) \cdot \ldots \cdot (k+1)}{(n-k) \cdot (n-k-1) \cdot \ldots \cdot 1} \cdot p^k \cdot q^{n-k}.$$

Will man einen schnellen Algorithmus erhalten, versucht man mit möglichst wenig Rechenoperationen auszukommen, die zudem möglichst auch nur Grundrechenarten sind. Im Bruchterm auf der rechten Seite der Gleichung von B(n, p ,k) führt man im Nenner möglichst wenig Multiplikationen aus, wenn man das Minimum von n - k und n als größten Faktor im Nennerprodukt nimmt. Wir setzen k_{min} = Min $\{k, n - k\}$. Zu k_{min} gehört im Zähler entweder n - k (für k_{min} = k) oder k (für k_{min} = n - k), in jedem Fall also eine Zahl z, für die z = n – k gilt. Nun kann man den Binomialkoeffizienten nach der Formel $\binom{n}{k} = \frac{z+1}{1} \cdot \frac{z+2}{2} \cdot \ldots \cdot \frac{n}{k_{min}}$ berechnen, wobei z + k_{min} = n gilt. Um dies zu sehen, muss man in den Bruchtermen der obigen Gleichung von B(n, p, k) die Zähler und Nenner von rechts nach links lesen. Nun kommt die in Abschnitt 9.2 erwähnte Überlegung. Berechnet man den Binomialkoeffizienten durch Ausmultiplizieren dieses Produkts, dann besteht die Gefahr, dass es zu einem Rechner-„Overflow" kommt. Um diese Gefahr zu vermeiden, beginnt man mit dem ersten Faktor $\frac{z+1}{1}$ und multipliziert diesen so oft mit p oder q, bis das Produkt kleiner als 1 ist. Nun multipliziert man dieses neue Produkt mit dem nächsten Faktor $\frac{z+2}{2}$ und anschließend wieder so oft mit p oder q, bis das Produkt wiederum kleiner als 1 ist. Und so fährt man mit allen weiteren Faktoren des Binomialkoeffizienten fort. Das Produkt wird schließlich immer kleiner als 1, da p und q Zahlen zwischen 0 und 1 sind und die gesuchte Wahrscheinlichkeit auch eine Zahl zwischen 0 und 1 ist. Am Ende multipliziert man das bis dahin erhaltene Produkt noch mit p^{Restp} und q^{Restq}, wobei Restp bzw. Restq die Anzahl der an B(n, p, k) noch fehlenden und bisher im Verfahren noch nicht durch Multiplizieren „verbrauchten" Faktoren von p bzw. q sind. Restp bzw. Restq sind ganze Zahlen. Sie sind positiv, falls noch nicht alle Faktoren „verbraucht" sind, sie sind 0, falls alle Faktoren verbraucht sind und sie sind negativ, falls man zur Verkleinerung des Produkts von p mehr Faktoren als k bzw. von q mehr als n - k benutzt hat. Wer Wert auf eine möglichst exakte Rechnung legt, wird Bedenken wegen des Potenzierens äußern. Das Potenzieren muss zum Beispiel in Turbo-Pascal unter Benutzung der ln- und der e-Funktion nachgebildet werden. Man kann dies aber umgehen. Da sowohl Restp als auch Restq ganze Zahlen sind, kann das Potenzieren in einer Schleife als wiederholte Multiplikation mit p bzw. q oder, falls Restp bzw. Restq negativ sind, mit den Kehrwerten von p bzw. q programmiert werden, so dass nur Grundrechenarten benutzt werden. Damit ist die Berechnung der Wahrscheinlichkeit B(n, p, k_{max}) abgeschlossen.

Schritt 2 : Berechnung aller Wahrscheinlichkeiten für alle k > k_{max}

Ausgang dieser Rekursion nach größer werdendem k ist die in Schritt 1 bestimmte Wahrscheinlichkeit B(n, p, k_{max}). Mit dieser Startwahrscheinlichkeit beginnt man die Rekursion, setzt für k in Gleichung (**) $B(n, p, k) = \frac{(n-k+1)}{k} \cdot \frac{p}{q} \cdot B(n, p, k - 1)$ aus Kapitel 7.3 in Wirths (2020) zuerst k_{max} und dann der Reihe nach alle Werte größer als k_{max} ein.

Schritt 3 : Berechnung aller Wahrscheinlichkeiten für alle k < k_{max}

Ausgang dieser Rekursion nach kleiner werdendem k ist B(n, p, k_{max}) wie in Schritt 2. Mit dieser Startwahrscheinlichkeit beginnt man die Rekursion, setzt für k zuerst k_{max} und dann der Reihe nach alle Werte kleiner als k_{max} ein. Die Rekursionsgleichung muss jedoch erst noch für die Abwärtsrekursion umgeformt werden. Für die Abwärtsrekursion gilt die Gleichung (***) : $B(n, p, k - 1) = \frac{k}{n-k+1} \cdot \frac{1-p}{p} \cdot B(n, p, k)$. Weitere Einzelheiten, ein informatives Struktogramm sowie ein Programm-Listing in BASIC kann man den Seiten 80/2 von DIFF (1982, Heft 2) entnehmen.

Besonders schnell wird dieser Algorithmus ausgeführt, wenn die Berechnung der Einzelwahrscheinlichkeiten und das Aufsummieren simultan durchgeführt werden. Beim Versuch Aufgaben unter Ausnutzung dieses neuen Algorithmus zu lösen, mache ich unter anderem folgende Beobachtungen :

- Der TI-84 - ein Programmlisting wird als Anlage abgedruckt - benötigt bei Aufgabe 1 aus Abschnitt 7 für $P(X \leq 3000)$ mit $p = 0,99$ und $n = 3041$ rund 4 Minuten 40 Sekunden.
- Ich habe schon häufig beobachtet, dass Lernende Hilfsmittel sinnvoll kombinieren. Hier bietet sich geradezu eine Zusammenarbeit von TI-84 und Rechenblatt an : Mit dem TI-84 wird die größte Wahrscheinlichkeit berechnet, dann werden auf dem Rechenblatt alle Wahrscheinlichkeiten des interessanten Bereichs auf der Basis der größten Wahrscheinlichkeit rekursiv generiert und ein Histogramm graphisch dargestellt.
- Den Algorithmus hatte ich in einem Turbo-Pascal-Programm ausgeführt, das Code für den mathematischen Koprozessor erzeugte. Der verwendete Datentyp Extended besitzt einen Wertebereich von $1,9 \cdot 10^{-4951}$ bis $1,1 \cdot 10^{4932}$ und eine Genauigkeit von 19 bis 20 Dezimalstellen. Das Programm lieferte bei diesen und anderen Bereichswahrscheinlichkeiten Ergebnisse unmittelbar nach Eingabe. Ich beobachtete allerdings Unterschiede in den Ergebnissen, je nachdem, ob ich das Potenzieren unter Benutzung der ln- und der e-Funktion nachbilde, oder ob ich wie im Listing des unten angegebenen Programms dargestellt das Potenzieren als iteratives Multiplizieren ausführen lasse.

9.5. Eine besondere Testaufgabe

Nach diesen positiven Ergebnissen wollte ich die Leistungsfähigkeit des neuen Algorithmus an folgender Aufgabe (nach Engel (1973), Band 1, S. 134) erproben :

In den USA wurden 1950 bei insgesamt 3 554 119 Geburten 1 823 555 Jungen geboren. Für Jungengeburten kennt man durch langjährige Beobachtungen als relative Häufigkeit 0,514. Sind 1950 in den USA Jungengeburten deutlich seltener ?

Interessant kann zum Beispiel die Wahrscheinlichkeit dafür sein, dass 1 823 555 oder weniger Jungen geboren werden, auch wenn sich die Wahrscheinlichkeit für eine Jungengeburt nicht geändert hat. Formal interessiert uns dann $P(X \leq 1\,823\,555)$, wenn X die Anzahl der Jungengeburten zählt, die Wahrscheinlichkeit für eine Jungengeburt $p = 0,514$ ist und $n = 3\,554\,119$ beträgt. In Wirths (1996a) habe ich $P(X \leq 1\,823\,555) \approx 2,7 \cdot 10^{-4}$ bei einer Computeranzeige auf 4 Nachkommastellen von $2,6799 \cdot 10^{-4}$ angegeben. Diese Lösung habe ich damals durch Approximation der Binomialverteilung durch die Normalverteilung ermittelt. Ich habe es lange Zeit nicht für möglich gehalten, diese Wahrscheinlichkeit auch im Modell der Binomialverteilung tatsächlich berechnen zu können. Aber mit dem oben dargestellten Algorithmus errechnete das Turbo-Pascal-Programm die Bereichswahrscheinlichkeit $P(X \leq 1\,823\,555) = 2,6857 \cdot 10^{-4}$ in rund 10 Sekunden, und das mit einfachen PC's vor über 20 Jahren.

Fazit : Mit diesem Algorithmus sollte das Berechnen von Einzelwahrscheinlichkeiten und von Wahrscheinlichkeiten beliebiger Bereiche auch für sehr große Werte von n in der Größenordnung von mehreren Millionen gelingen. Es gibt also für Hersteller elektronischer Hilfsmittel keinen Grund, Einzel- wie Bereichswahrscheinlichkeiten im Modell der Binomialwahrscheinlichkeit näherungsweise im Modell der Normalverteilung berechnen zu lassen.

9.6. Abschlussbemerkungen

Der Computer soll motivierende Anwendungen ermöglichen, eine Herausforderung, für alle, die sich einem lebendigen Stochastikunterricht verschrieben haben. An zwei Stellen habe ich bisher jedoch durch zu lange Computerlaufzeiten stark retardierende Momente erlebt : Bei der

Durchführung von Simulationen und beim Berechnen von Bereichswahrscheinlichkeiten. Ausgelöst wurde dies in beiden Fällen durch zu optimistisch angesetzte hohe Werte für die Anzahl der Wiederholungen der Simulation oder an Bernoulli-Versuchen bei Bereichswahrscheinlichkeiten. Aber Programme wie Fathom oder Tinkerplots zeigen, dass die Einschränkungen für Simulationen nicht mehr gelten. Weitere Informationen in Kapitel 10. Die bisherigen Ausführungen zeigen, dass man sich bei Bereichswahrscheinlichkeiten nicht mehr auf spezielle Aufgaben mit nicht zu großem Stichprobenumfang beschränken muss. Ich möchte auf Aufgaben, wie sie in Kapitel 8 von Wirths (2020) vorgestellt werden, in meinem Unterricht nicht verzichten, also in einigen Beispielen auch sehr große n als Stichprobenanzahl verwenden. Außerdem möchte ich unterschiedliche Gesichtspunkte, und zwar so viele wie möglich, bereits im Modell der Binomialverteilung betrachten, und erst auf einer hier gesicherten Basis von Erfahrungen und Einsichten zu stetigen Verteilungen im allgemeinen und zur Normalverteilung im besonderen übergehen, falls es dazu im heutigen Unterricht überhaupt noch Zeit gibt. Lieber weniger, das ausführlich, gut motiviert und begründet, als vieles nur oberflächlich ansprechen.

Der Einsatz elektronischer Hilfsmittel im Stochastikunterricht zwingt zum Nachdenken über Konsequenzen. Einige davon sind meiner Meinung nach :

- Für die Gestaltung von Stochastik-Curricula ergeben sich neue Möglichkeiten. Es ist nicht verwunderlich, dass analytisch einfache Verteilungen, die zur Approximation der Binomialverteilung geeignet sind, von großer Bedeutung in der Entwicklung der Stochastik waren. Denn für numerische Auswertungen sind die Gleichungen zur Berechnung von Binomialwahrscheinlichkeiten unbrauchbar, vor allem, wenn die Anzahl n der Bernoulli-Versuche groß ist. Erst umfangreiche Summen liefern die interessanten Wahrscheinlichkeiten relevanter Bereiche. So wichtig analytisch einfache Verteilungen, die zur Approximation der Binomialverteilung geeignet sind, auch heute noch sind, mit der Verfügbarkeit von Computern und leistungsfähiger Software können wir Alternativen erproben, die vorher allenfalls nur schwer zugänglich waren, und sollten dies auch tun. Ich möchte bereits im Modell der Binomialverteilung vielfältige Erfahrungen sammeln, Einsichten vermitteln und stochastisches Denken fördern. Dies ist in einem Kurs Stochastik bereits sehr früh möglich und erfordert wenige, dazu noch elementare Begriffe und Hilfsmittel. Dieses Vorgehen fördert die Konzentration auf Wesentliches.

- Die Probleme, die in einer Unterrichtseinheit „Prüfen und Schätzen" behandelt werden können, werden allgemein als anwendungsnah, vor allem als sehr motivierend angesehen. Aber gelingt eine Einbettung in den eigenen Unterricht, wenn sie erst nach einer Unterrichtseinheit „Normalverteilung" eingeplant wird ? Ist dann überhaupt noch Zeit ? Und was kann dann über die Normalverteilung überhaupt vermittelt werden ? In Kapitel 8 von Wirths (2020) wird über Erfahrungen berichtet, wie der Computer als Assistent eingesetzt wird, dem die Aufgabe zugewiesen wird, die Wahrscheinlichkeit für Bereiche, in denen die uns interessierenden Ergebnisse liegen, zu berechnen. Wesentlich für mich ist, dass Lernende auf diesem Weg selbst Gelegenheit erhalten zu erkennen, dass Theorie gebildet werden kann, und die Aussagen dieser Theorie selbständig vorher formulieren können.

- Bei Approximationen brauche ich nicht mehr nur mit Rezepten zu arbeiten und darauf zu vertrauen, dass der errechnete Wert ein guter Näherungswert ist. Mit Computereinsatz kann ich nun sowohl im Modell der Binomialverteilung als auch in dem der Normalverteilung errechnete Werte miteinander vergleichen und die Güte der Näherung erkennen.

Vor allem im Grundniveau, in denen Lernende der Mathematik am liebsten vorzeitig aus dem Wege gehen möchten, - aber nicht nur dort ! - hat ein Stochastikunterricht mit der oben skizzierten Methodik häufig wieder Interesse für Mathematik wecken können. Diese Erfahrung kann ich nicht ignorieren, sie macht Mut zum Erproben von neuen Wegen, insbesondere auch zur Integration des Computers und auch des hier vorgestellten Programms in den Unterricht.

<u>Anlage</u> Berechnen einer Bereichswahrscheinlichkeit P(U ≤ X ≤ O)

Programm Bereich

:	INPUT „N = ”, N	(∗ Anzahl Versuche ∗)
:	INPUT „P = ”, P	(∗ Erfolgswahrscheinlichkeit ∗)
:	INPUT „U = ”, U	(∗ untere Grenze Bereich ∗)
:	INPUT „O = ”, O	(∗ obere Grenze Bereich ∗)
:	INT((N+1)∗P) → K	(∗ Stelle größter Wahrscheinlichkeit ∗)
:	MIN(K, N - K) → A : K → C : N - A → Z	(∗ Beginn 1. Schritt ∗)
:	N - K → D : 1 → B : 1 - P → F	
:	FOR(I, 1, A, 1)	
:	(Z + I) / I ∗B → B	
:	WHILE ((B > 1) AND (C > 0) : B∗P → B : C - 1 → C : END	
:	WHILE (B > 1) : B∗F → B : D - 1 → D : END	
:	END	
:	FOR(I, 1, C, 1) : B∗P → B : END	
:	IF (D < 0) : THEN : 1/F → F : -D → D : END	
:	FOR(I, 1, D, 1) : B∗F → B : END	(∗ größte Wahrscheinlichkeit P(X = k) ∗)
		(∗ Ende 1. Schritt ∗)
:	B → W : 0 → S : 1 - P → F	(∗ Vorbereitung Aufwärtsrekursion ∗)
:	IF (O > K) : THEN	(∗ Beginn 2. Schritt ∗)
:	FOR(I, K + 1, O, 1)	
:	B∗P / F∗(N + 1 - I) / I → B	
:	IF (I ≥ U) : THEN : S + B → S : END	
:	END	
:	END	(∗ Ende 2. Schritt ∗)
:	W → B	(∗ Vorbereitung Abwärtsrekursion ∗)
:	IF (U < K) : THEN	(∗ Beginn 3. Schritt ∗)
:	K → I	
:	WHILE (I > U)	
:	B∗I / (N - I + 1)∗F / P → B	
:	I - 1 → I	
:	IF (I ≤ O) : THEN : S + B → S : END	
:	END	
:	END	(∗ Ende 3. Schritt ∗)
:	IF ((U ≤ K) AND (K ≤ O)) :THEN	
:	S + W → S	
:	END	
:	DISP „S = “, S	(∗ Ausgabe Bereichswahrscheinlichkeit ∗)

10 Simulationen als Chance zur Entfaltung stochastischen Denkens

10.1 Einleitung

Vorgestellt werden Vorschläge für einen Stochastik-Unterricht, in dem sich Lernende über Simulationen mit stochastischen Inhalten auseinandersetzen. Simulationen mit einem breiten Spektrum an Aufgabenbeispielen sollen das Interesse an der Stochastik wecken und einen experimentellen Zugang zur Wahrscheinlichkeitsrechnung eröffnen. Die typischen Problemstellungen der Stochastik, das Berechnen von Wahrscheinlichkeiten, das Zusammenspiel und der Zusammenhang von relativen Häufigkeiten und Wahrscheinlichkeiten, die Betrachtung des Erwartungswerts von Zufallsgrößen sowie die Interpretation von Wahrscheinlichkeitsverteilungen können mit Hilfe von Simulationen behandelt und damit auch vorbereitet werden, bevor die eigentliche Theorie entwickelt wird. Welche Hoffnungen und Erwartungen auf Simulationen schon vor über 40 Jahren gesetzt wurden, zeigt dieses Zitat aus Wunderling (1977) : „Der Computer ist in der Hand des Mathematikers ein Spielzeug in seiner reinsten Form, das Freude, Entspannung und Spannung an immer wieder neuen Fragestellungen verbreiten kann. Mit ihm kann er viele Situationen des täglichen Lebens, das weitgehend vom Zufall gesteuert wird, durchspielen und wertvolle Beobachtungen machen. Die Möglichkeit, den Schüler als „homo ludens" in die Fragestellungen der Statistik und Wahrscheinlichkeit einzuführen, wird der wache Lehrer sich nicht entgehen lassen, umso mehr, wenn durch Überschneidung verschiedenster Fachgebiete eine Art integrierter Mathematikunterricht entsteht." In diesem Kapitel wird die dynamische Statistik- und Statistikanalyse-Software Fathom 2, die seit 2018 frei im Internet erhältlich ist, mit Interaktionsmöglichkeiten und ihrer Verwendung bei Simulationen vorgestellt, die so hervorragend die Erwartungen von Helmut Wunderling erfüllt.

10.2 Worum wird es gehen ?

Simuliert wird im Mathematikunterricht zunächst mit einfachen Zufallsgeräten (Münzen, Würfeln, Zufallsrädern, etc) und einer kleinen Anzahl an Wiederholungen des Zufallsversuchs. Jeder Lernende macht 20 Simulationen. Bei 30 Schülern in der Klasse sind es insgesamt 600 Simulationen, die zusammen kommen. Das ist die Methodik, die in Kapitel 2 von Wirths (2020) und in Kapitel 3 in Wirths (2019) beschrieben wird, die sich früher gut bewährt hat. Und niemand durfte sich wundern, wenn man nach 600 Simulationen noch nicht sehr nahe an die erstrebte Wahrscheinlichkeit heran gekommen war; denn jeder Lehrende musste als Wissen im Hinterkopf haben, dass beim Bestimmen einer unbekannten Wahrscheinlichkeit durch Simulation auf 1 % genau mindestens 10 000 Versuche erforderlich sind bei einer Sicherheitswahrscheinlichkeit von rund 95 %. Wenn es um die Wahrscheinlichkeit eines Laplace-Würfels ging, dann durften es allerdings auch weniger sein (mindestens 5556). Das alles gilt aber nur, wenn es sich um eine Binomialverteilung handelt. Ist auch diese Voraussetzung nicht gegeben, dann sind nach der Tschebyschow-Ungleichung oder nach Bernoullis Gesetz der großen Zahl erheblich mehr Simulationen (rund 50 000 !) erforderlich bei sonst gleichen Anforderungen. Nicht umsonst wurde in Fortbildungsveranstaltungen von Enttäuschungen Lehrender berichtet, die versuchten, die Wahrscheinlichkeit für das Eintreten der „6" eines normalen Würfels durch Simulation in einer Schulstunde zu bestimmen und Ergebnisse weit entfernt von $\frac{1}{6}$ erhielten. Das ist nach nur 400 bis 600 Simulationen kein Wunder. Hier setzt nun die dynamische Statistikanalyse und Stochastik-Software Fathom 2 neue Maßstäbe und eröffnet Möglichkeiten, von denen Lehrende früher allenfalls geträumt haben. Darüber soll im Folgenden berichtet werden.

10.3 Eine erste Simulation

Aufgabe : Zeichne in ein Einheitsquadrat einen Viertelkreis, dessen Mittelpunkt ein Eckpunkt des Quadrats und dessen Radius eine Quadratseite lang ist.

a. Welchen Anteil an der Quadratfläche nimmt der Viertelkreis ein ?
b. Lasse einen Zufallsregen auf das Einheitsquadrat regnen und bestimme durch Simulation π.

Lösung zu a : Der Radius des Kreises ist 1, der Flächeninhalt des Viertelkreises also $\frac{\pi}{4}$. Das Einheitsquadrat hat den Flächeninhalt 1, daher ist $\frac{\pi}{4}$ auch der Anteil des Viertelkreises am Quadrat.

Lösung zu b : Wir bestimmen 2 Zufallszahlen zwischen 0 und 1, die erste stellt die x-Koordinate des beregneten Punkt dar, die zweite die y-Koordinate. Gilt $x^2 + y^2 \leq 1$, dann fällt der Regentropfen in den Kreis (der Kreisrand wird mit einbezogen), ansonsten landet er außerhalb. Wir zählen die Anzahl der Versuche n und die Zahl der Treffer t. $4 \cdot \frac{t}{n}$ ist dann der durch Simulation ermittelte Schätzwert für π.

Nun stellen wir uns vor, dass der Lehrende die dynamische Datenanalyse- und Stochastik-Software Fathom 2 auf seinem Computer gespeichert hat und es im Unterricht zu Demonstrationszwecken benutzt. Da dieses Programm kostenlos im Internet heruntergeladen werden kann, dürfen es also auch seine Schülerinnen und Schüler auf ihren Rechnern nutzen. Endlich wird ein langgehegter Wunsch Wirklichkeit, nämlich dass Lehrende und Lernende diese Software nutzen. Nun wollen wir uns anschauen, was bei der Aufgabe, π zu bestimmen, alles aus diesem Programm herausgeholt werden kann, welche Unterrichtsmöglichkeiten sich ergeben. Wir klicken das Programmsymbol von Fathom 2 einmal an, es öffnet sich leeres Arbeitsblatt (Dokument 1), das wir bildschirmfüllend vergrößern.

10.3.1 Das Fathom-Arbeitsblatt „Pi.ftm" (Teil 1 Vorbereiten)

1. In das leere Arbeitsblatt wird eine leere Kollektion (Kollektion 1) hereingezogen.
2. Im Menü „Kollektion" das Untermenü „Kollektion umbenennen" anklicken. Im sich öffnenden Fenster „Kollektion 1" löschen, „Pi" eingeben und auf „ok" klicken.
3. Die Kollektion „Pi" doppelt anklicken. Es öffnet sich ein Fenster „Info Pi". In der Spalte „Fälle" unter Merkmale untereinander Px, Py und Treffer eingeben. Dann in der Spalte „Formel" neben Px (dreimal klicken) im sich öffnenden Formelgeneratorfenster „Zufallszahl ()" – über „Funktionen", „Zufallszahlen", dann „Zufallszahl" alles doppelt anklicken, danach auf „anwenden" und „ok" einmal klicken - neben Py entsprechend „Zufallszahl ()" eingeben und (vorher Fenster nach rechts aufziehen !) neben Treffer „Wenn (Px·Px+Py·Py<1) oder (Px·Px+Py·Py=1) $\begin{cases} 1 \\ 0 \end{cases}$" – über „Funktionen", Bedingungen", „wenn" alles doppelt anklicken, den Rest über den Formelgenerator eingeben (Px und Py ganz normal über die Tastatur). Zum Abschluss je einmal auf „anwenden" und „ok" klicken. Im Fenster „Info Pi" die Zeilenhöhe von „Treffer" vergrößern und das Fenster nach rechts aufziehen, so dass alles lesbar wird.

Es ist in der Tat alles ganz einfach. An manchen Stellen klingt die Beschreibung komplizierter, als es beim Umgang mit Fathom in Wirklichkeit ist. Wenn man auf ein Textfeld klickt, öffnet sich ein Fenster und der Text kann eingegeben werden. Klickt man auf ein Formelfeld, öffnet sich der Formelgenerator und man kann sich wie in einem Baukasten bedienen. Fenster können an jede beliebige Stelle des Bildschirms gezogen werden, vor allem ihre Größe kann so angepasst werden, dass alles, was interessant ist und gesehen werden soll, angezeigt wird. Das Info-Fenster kann weggeklickt werden. Es bleibt aber weiter wirksam und die dort gespeicherten Angaben und Anweisungen werden im Hintergrund ausgeführt. Jeder kann sich den Bildschirm so mit Fenstern vollstopfen, wie er mag. Das werde ich im folgenden hier vorführen, um die vielfältigen Möglichkeiten des Programms für diese Aufgabe zu zeigen.

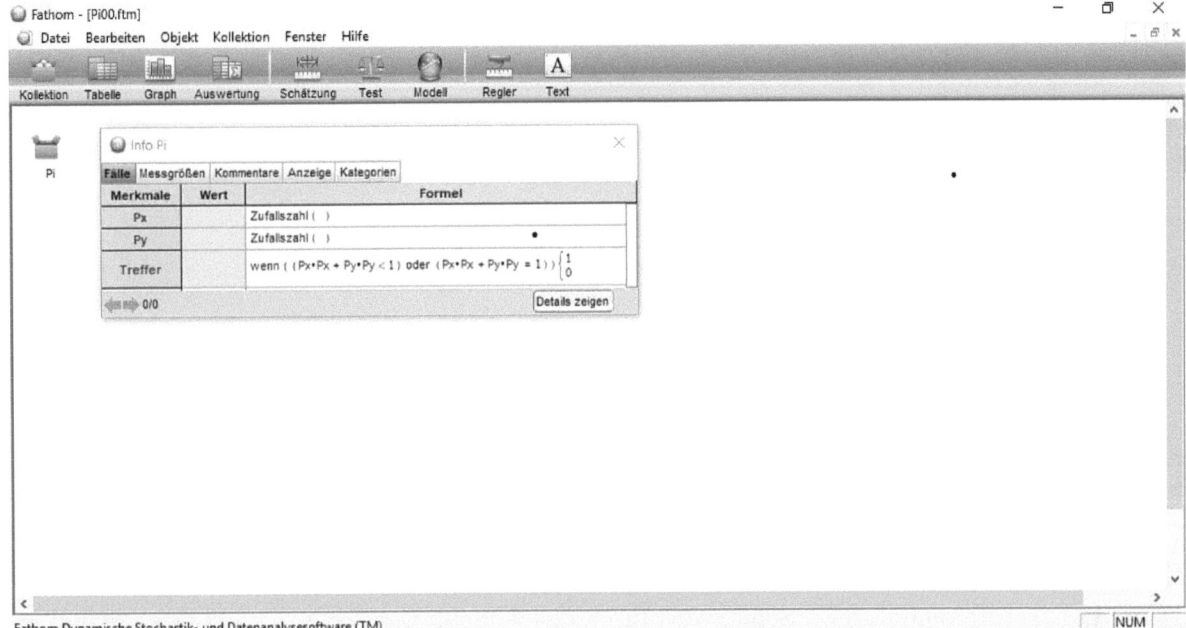

Und so sieht das Arbeitsblatt bis jetzt aus, hier schwarz-weiß, in der Realität farbig. Links oben die Kollektion Pi (die mit den goldenen Bällen gefüllte Box). Daneben die Info-Box mit allen Angaben. Wir können in der Info-Box auf „x" rechts oben klicken, sie verschwindet in den Hintergrund, bleibt aber weiter wirksam. Wir erhalten mehr Platz für andere Fenster.

Das Fathom-Arbeitsblatt „Pi.ftm" (Teil 2 Daten sammeln)

4. Die Kollektion „Pi" einmal anklicken. Im Menü „Kollektion" das Untermenü „Neuer Fall" anklicken. Im sich öffnenden Fenster „1" löschen, „10" eingeben und auf „ok" klicken.

5. Die Kollektion „Pi" einmal anklicken. Eine Tabelle ins Arbeitsblatt ziehen und soweit öffnen, dass die 10 Fälle sichtbar werden.

6. Die Kollektion „Pi" einmal anklicken. Eine leeres Blatt „Auswertung" ins Arbeitsblatt ziehen. Aus „Info Pi" oder „Tabelle Pi" Treffer anklicken und dann rechts in „Auswertung Pi" hereinziehen. Es erscheinen automatisch eine Zahl und eine Formel „S1 = aMittel ()". „Auswertung Pi" einmal anklicken. Dann im Menü „Auswertung" das Untermenü „Formel hinzufügen" anklicken. Im sich öffnenden Fenster des Formelgenerators geben wir hinter „S2 =" ein : „aMittel ()·4" – über „Funktionen", „Statistik", „Ein Merkmal" und „aMittel" alles doppelt anklicken, dann je einmal auf „anwenden" und „ok" klicken. „Auswertung Pi" einmal anklicken. Dann im Menü „Auswertung" das Untermenü „Formel hinzufügen" anklicken. Im sich öffnenden Fenster des Formelgenerators geben wir hinter „S3 =" ein : „Anzahl ()" – über „Funktionen", „Statistik", „Ein Merkmal" und „Anzahl" alles doppelt anklicken, dann je einmal auf „anwenden" und „ok" klicken. Wir ziehen das Fenster „Auswertung Pi" so weit auf, dass wir alles lesen können.

7. Die Kollektion „Pi" einmal anklicken. Einen leeren Graphen ins Arbeitsblatt ziehen. Aus „Info Pi" oder „Tabelle Pi" Px anklicken und auf die waagerechte Achse, dann Py anklicken und auf die dazu senkrechte Achse ziehen. Im Menü „Graph" das Untermenü „Funktion einzeichnen" doppelt anklicken, im sich öffnenden Fenster des Formelgenerators „ $\sqrt{1 - x \cdot x}$ " eingeben und je einmal auf „anwenden" und „ok" klicken.

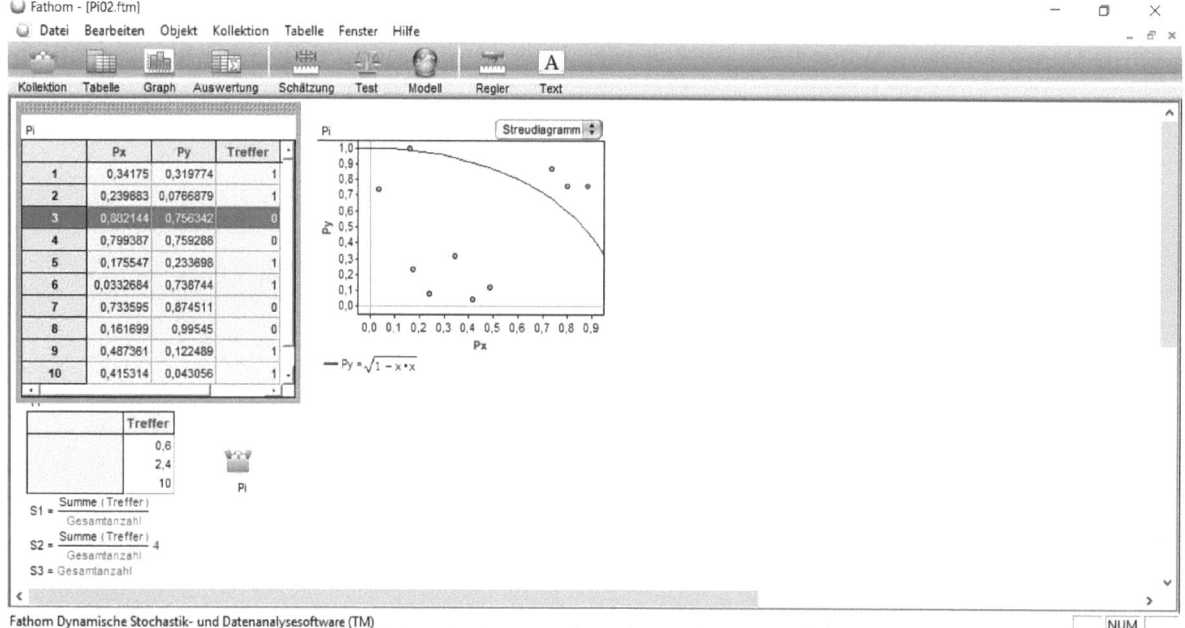

Fathom Dynamische Stochastik- und Datenanalysesoftware (TM)

Und so sieht das Arbeitsblatt nun aus. Links oben das Fenster mit den 10 Simulationen (2 Koordinaten, Angabe, ob Treffer (1) oder nicht (0)). Darunter das Feld mit der Auswertung der Daten (S1 : Trefferanteil, S 2 : Schätzwert für π, das 4-fache von S1, S 3 : Die Gesamtzahl an Versuchen). Daneben unten die Schaltfläche für die Kollektion „Pi". Und oben daneben die graphische Darstellung des Viertelkreises im Einheitsquadrat (mögliche Verzerrung durch von mir unterschiedlich in Länge und Breite aufgezogenes Fenster verursacht). In der linken Tabelle wird der 3. Versuch hervorgehoben und im rechten Graph der zugehörige Punkt ganz rechts oben im Original rot markiert. Und so kann man für jeden Versuch den zugehörigen Punkt im Graphen hervorheben und die Zusammenhänge zwischen Simulationsergebnis und graphischer Darstellung deutlich machen.

Und nun stellen wir uns eine Klasse vor, bei alle, der Lehrende wie alle Lernenden, dieses Programm auf ihrem Rechner haben. Es wird immer Schülerinnen oder Schüler geben, die mit dem Arbeitsblatt von Anfang an geschickt umgehen können, aber auch Lehrende, die so ihre Probleme damit haben. Was für eine produktive Lernatmosphäre (Lern und nicht Lärm !) kann entstehen, wenn diese beiden Typen zusammenarbeiten : Der/die Lehrende, der/die sich in der Mathematik auskennt, aber Sicherheit und Erfahrung mit dem Programm braucht, und Lernende, die lernen wollen und unbefangen fröhlich mit dem Programm experimentieren. Jetzt haben sie alle 10 Simulationen und einen Schätzwert für π. Genau solch eine Situation wird in Kapitel 2 von Wirths (2020) und Kapitel 3 in Wirths (2019) für andere Aufgabenstellungen beschrieben. Aber was für ein Unterschied. Mit diesem Programm wurden die Arbeitsaufträge in Sekundenschnelle ausgeführt, was früher einige Zeit benötigte. Und es wird die Bandbreite an Schätzwerten für π deutlich. Bei 10 Simulationen gibt es 11 Möglichkeiten : 0; 0,4; 0,8; 1,2; 1,6; 2,0; 2,4; 2,8; 3,2; 3,6 und 4,0. Klar ist auch, dass eine Schätzung 4,4 unmöglich vorkommen kann. Aber ob alle vorkommen ? Bei 30 Lernenden müssen ja einige mehrfach vorkommen. Hier deutet sich schon so etwas wie selten, sehr selten, extrem selten, kommt bei uns nicht vor, ist aber durchaus wahrscheinlich, aber auch nicht unmöglich, häufig oder sehr häufig an. Wir wollen ja noch mehr Experimente machen und damit auch noch mehr Erfahrung sammeln.

Das Fathom-Arbeitsblatt „Pi.ftm" (Teil 3 Wiederholen der Simulation)

8. Die Kollektion „Pi" einmal anklicken. Im Menü „Kollektion" das Untermenü „Zufall erneuern" doppelt anklicken. Wir beobachten, wie 10 neue Fälle simuliert werden, und nehmen die Änderungen gegenüber der ersten Simulationsserie wahr. Wir können im Graphen jeden neuen Einzelfall anklicken und beobachten, wo er in der „Tabelle Pi" vorkommt und umgekehrt.

Und jetzt haben alle auf Knopfdruck in Sekundenschnelle 10 neue Simulationen mit der zugehörigen Auswertung vom Computer erstellt bekommen. Was für ein Fortschritt. Mir kommt es bei dieser Simulation gar nicht darauf an, möglichst viele Nachkommastellen von π zu bestimmen. Dazu eignen sich andere Verfahren viel besser. Wenn ich zum Beispiel einem Viertelkreis nach Archimedes 10 Rechtecke außen herum lege und innen 9 Rechtecke und 1 Dreieck, dann liefert dieses Verfahren immer und überall das gleiche Ergebnis. Es ist eben ein deterministisches Verfahren. Aber wenn der Zufall eine Rolle spielt, dann weiß niemand auf der Welt im voraus, welches der 11 Ergebnisse er/sie nach 10 Simulationen erhält, und auch nicht, welches bei einer Wiederholung. Diese Besonderheit stochastischen Vorgehens kann ich hier wunderbar vorführen. Und genau darauf kommt es mir an. Und es folgt noch mehr.

Das Fathom-Arbeitsblatt „Pi.ftm" (Teil 4 Automatisieren der Wiederholungen)

Können wir diese Möglichkeit in Punkt 7, den Zufall zu erneuern, nicht auch vom Computer durchführen lassen, der die Ergebnisse automatisch sammelt, auswertet und uns ausgibt ? Ja, wir müssen die Option „Messgrößen sammeln" aktivieren. Das tun wir jetzt.

9. Dazu klicken wir bei „Info Pi" „Messgrößen" einmal an. Unter „Messgrößen" geben wir „Schätzwert" ein. Daneben klicken wir in der Spalte „Formel" dreimal. Es öffnet sich das Fenster des Formelgenerators. Dort geben wir hinter „Schätzwert =" ein : „aMittel (Treffer)·4" und klicken je einmal auf „anwenden" und „ok".

10. Die Kollektion „Pi" einmal anklicken. Im Menü „Kollektion" das Untermenü „Messgrößen sammeln" doppelt anklicken. Es wird eine neue Kollektion „Messgrößen von Pi" angelegt, das Füllen mit Werten angezeigt.

11. Die Kollektion „Messgrößen von Pi" einmal anklicken. Eine Tabelle ins Arbeitsblatt ziehen und soweit öffnen, dass die 5 ermittelten Messgrößen sichtbar werden.

12. Die Kollektion „Messgrößen von Pi" einmal anklicken. Mit der **rechten** Maustaste zweimal anklicken. „Info Kollektion" zweimal anklicken. Im sich öffnenden Fenster das Kreuz bei „Animation" entfernen und ein Kreuz bei „vorhandene Fälle ersetzen" setzen. Bei „Messgrößen" 5 löschen und durch 10 ersetzen.

13. Die Kollektion „Messgrößen von Pi" einmal anklicken. Im Menü „Kollektion" das Untermenü „weitere Messgrößen sammeln" doppelt anklicken. Die Tabelle „Messgrößen von Pi" so weit aufziehen, dass alle 10 Messwerte sichtbar werden.

14. Die Kollektion „Messgrößen von Pi" einmal anklicken. Eine leeres Diagramm „Graph" ins Arbeitsblatt ziehen. Aus „Info Messgrößen von Pi" oder „Tabelle Messgrößen von Pi" das Wort Schätzgröße unter die waagerechte Achse im Graph hereinziehen. Es werden die 10 ermittelten Messgrößen dargestellt.

15. Die Kollektion „Messgrößen von Pi" einmal anklicken. Ein leeres Blatt „Auswertung" ins Arbeitsblatt ziehen. Aus „Info Messgrößen von Pi" oder „Tabelle Messgrößen von Pi" Schätzgröße rechts in Auswertung „Messgrößen von Pi" hereinziehen. Es erscheinen automatisch eine Zahl und eine Formel „S1 = aMittel ()". Die Formel dreimal anklicken. Im sich öffnenden Fenster des Formelgenerators löschen wir „aMittel ()" und geben wir hinter „S1 =" ein : „Min (Schätzwert)" – über „Funktionen", „Statistik", „Ein Merkmal" und

„Min" alles doppelt anklicken, dann je einmal auf „anwenden" und „ok" klicken. Im Menü „Auswertung" das Untermenü „Formel hinzufügen" doppelt anklicken. Im sich öffnenden Fenster des Formelgenerators geben wir hinter „S2 =" ein : „aMittel (Schätzwert)" – über „Funktionen", „Statistik", „Ein Merkmal" und „aMittel" alles doppelt anklicken, dann je einmal auf „anwenden" und „ok" klicken. Entsprechend geben wir ein : „S3 = Max(Schätzwert)", „S4 = Max (Schätzwert) – Min (Schätzwert)". Wir ziehen das Fenster „Messgrößen von Pi" so weit auf, dass wir alles lesen können.

16. Die Kollektion „Messgrößen von Pi" einmal anklicken. Im Menü „Kollektion" das Untermenü „weitere Messgrößen sammeln" einmal anklicken. Es werden die neuen Kollektionen und Messgrößen dargestellt.

Damit ist das vollständige Arbeitsblatt zur Simulation von Pi für 10 Versuche erstellt.

Und so sieht das Arbeitsblatt nun aus. Links befindet sich alles, was mit der Kollektion „Pi" zu tun hat wie im vorigen Bild, nur dass hier die 6. Simulation markiert ist, dazu das Fenster „Info Pi" unten als zweites von links. Den rechten Bildteil nimmt die Kollektion „Messgrößen von Pi" ein. In der rechten Bildmitte oben die Sammlung von 10 Schätzwerten von jeweils 10 Simulationen, darunter die Schaltfläche der Kollektion „Messgrößen von Pi". Und rechts oben das Punktdiagramm der 10 Schätzwerte. In der Tabelle ist der 3. Fall markiert, der im Original rot im Punktdiagramm hervorgehoben dargestellt wird. Anstelle des Punktdiagramms wären hier auch von den vom Programm angebotenen Möglichkeiten die Optionen „Boxplot" und „Histogramm" wählbar und auch sehr sinnvoll. Ein Umschalten im Arbeitsblatt auf eine andere Möglichkeit ist immer möglich und sollte zum Sammeln von Erfahrungen auch rege genutzt werden. Eine Auswertungstabelle „Messgrößen von Pi" befindet sich rechts unten. Hier werden von oben nach unten das Minimum, das arithmetische Mittel aller 10 Schätzungen, das Maximum und die Intervallbreite für das Schätzintervall (Maximum – Minimum) angezeigt.

10.3.2 Zwischenbilanz :

In der Kollektion „Pi" haben wir unseren Zufallsversuch organisiert und lassen n Tropfen ins Einheitsquadrat regnen. Im Moment sind es 10 Tropfen. Und genau hier werden wir in Punkt 17, 18 und 19 die Anzahl n steigern. Wir können in der Liste wie im Graphen jede der n (10) Simulationen nachverfolgen. Die relative Häufigkeit für einen Treffer sowie der Schätzwert aus diesen n (10) Simulationen ist in der Auswertungstabelle nachzulesen. Jetzt richten wir unsere Aufmerksamkeit aber auf die Kollektion „Messgrößen von Pi" und wollen sehen, was wir hier in Bezug auf stochastisches Denken entdecken können. In dieser Kollektion wird 10 Mal der Zufallsversuch mit n (10) Tropfen durchgeführt, bei jeder dieser Wiederholungen der Schätzwert von π berechnet und alle 10 Schätzungen in der Tabelle und im Punktdiagramm ausgegeben. Wenn wir bei „Pi" die Anzahl der Simulationen erhöhen, werden wir hier weiter aber 10 Wiederholungen dieser Simulationen machen und die Ergebnisse dieser 10 Wiederholungen darstellen, es sei denn wir haben später Grund zu einer Änderung.

Das Fathom-Arbeitsblatt „Pi.ftm" (Teil 5 Steigern der Anzahl Simulationen)

Nun kann die eigentliche Demonstration beginnen. Wir wollen zeigen, was sich mit zunehmender Zahl an Experimenten verändert. Wir verändern Stück für Stück die Anzahl der Versuche, belassen es aber bei jeweils 10 Messgrößen.

17. Die Kollektion „Pi" einmal mit rechts anklicken. Dann im Menü „Kollektion" das Untermenü „Neuer Fall" doppelt anklicken. Im sich öffnenden Fenster „Fälle hinzufügen" die „1" löschen und durch „90" ersetzen. Wir machen jetzt zusätzlich zu den 10 Simulationen weitere 90. Wir machen also insgesamt 100 Simulationen, die das Programm automatisch 10 Mal wiederholt und so 10 Messgrößen bestimmt. Die Kollektion „Messgrößen von Pi" einmal mit rechts anklicken. Im Menü „Kollektion" das Untermenü „weitere Messgrößen sammeln" einmal anklicken. Es werden die neuen Kollektionen und Messgrößen dargestellt, ein Balken informiert uns, wie schnell diese Daten ermittelt werden. Das Fenster „Messgrößen von Pi" einmal mit rechts anklicken, dann auf „Info Graph" klicken und neue Werte für xAnfang und xEnde eingeben, damit im Graphen wieder alle 10 Fälle deutlich dargestellt werden und nicht als unförmiger Klumpen erscheinen.

18. Nun verfahren wir wie in 17. beschrieben. Im sich öffnenden Fenster „Fälle hinzufügen" löschen wir die „1" und ersetzen sie durch „900" ersetzen. Wir machen nun also 1000 Experimente. Ansonsten verfahren wir wie in 17. beschrieben.

19. Wir verfahren weiter wie in 17. beschrieben. Im sich öffnenden Fenster „Fälle hinzufügen" löschen wir die „1" und ersetzen sie durch „4000". Das sind also 5 000 Experimente. (Achtung : Mehr als 5000 Experimente nimmt das Programm *auf einmal* nicht an !) Wir fügen sofort weitere 5 000 Fälle hinzu und machen damit insgesamt 10 000 Experimente. Ansonsten verfahren wir wie in 17. beschrieben.

Soweit die Beschreibung des Arbeitsblatts „Pi", das uns für andere Simulationen als Vorbild dienen kann. Ich habe ganz bewusst den Bildschirm so vollgepackt, wollte ich doch möglichst viele Beobachtungsmöglichkeiten schaffen und vorstellen. Aber für die Simulationen nach 17, 18 und 19 sollten wir den Bildschirm aufräumen, um uns ganz auf Wichtiges/Neues zu konzentrieren. Übrig bleiben dann nur die Schaltflächen für die Kollektion „Pi" und die für „Messgrößen von Pi", das Fenster mit den 10 Messgrößen von Pi, das Fenster mit der Auswertung der 10 Messgrößen und vor allem als besonderer Blickpunkt das Punktdiagramm, das wir bei den Versuchen nach 17, 18 und 19 ganz besondere beobachten, wo wir jederzeit auf einen Boxplot oder ein Histogramm umschalten können, und das auch rege tun sollen, um vielfältige Beobachtungen zu machen. Alle anderen Fenster können entweder weggeklickt werden, oder sie werden einfach nach unten oder nach rechts verschoben, aber jedenfalls soweit, dass sie sich außerhalb der sichtbaren Bildschirmfläche befinden. Und nun können alle, Lehrende wie Lernende, eine Fülle an Beobachtungen machen. Die Messgrößen für die entsprechenden Versuche sind schnell ermittelt, die Graphik sofort angepasst. Es geht mir nicht um die ersten Ziffern von

Pi nach dem Komma. Dafür gibt es bessere Verfahren, die schneller konvergieren. Mir geht um stochastische Einsichten.

10.3.4 Simulationsergebnisse

Vor der Simulation ist das denkbar größte mögliche Schätzintervall [0 ; 4], gedacht aus den Extremsituationen „kein Tropfen fällt in den Viertelkreis" zum einen und „alle Tropfen fallen in den Viertelkreis" zum anderen. Beide Extremsituationen sind möglich, wenn auch sehr wenig wahrscheinlich. Aber für genauere Aussagen sollen ja Simulationen gemacht werden. Dazu kommen dann meine durch Simulation vom Programm erzeugten Daten :

Zahl der Simulationen	Schätzintervall für π
Überlegung vor der Simulation	[0 ; 4]
N = 10	[2,8 ; 4,0]
N = 100	[2,88 ; 3,36]
N = 1 000	[3,14 ; 3,224]
N = 10 000	[3,1411 ; 3,1709]

Diese Daten sind in Minutenschnelle vom Programm erzeugt, was jede Leserin und jeder Leser selber erfahren kann, wenn sie/er diese Simulationen selber erzeugt, es sei denn in der Info „Messgrößen von Pi" ist das Kreuz bei „Animation ein" noch gesetzt, das zur Beschleunigung des Verfahrens jedoch entfernt werden sollte. Es bleibt genug Zeit zum Nachdenken, zur Wiederholung der Simulationsfolge, zum Umschalten vom Punktdiagramm auf Boxplot oder Histogramm und Auswerten der Beobachtungsergebnisse. Lernende sind meist verblüfft, wenn sie im Fenster „Punktdiagramm" die 10 Mittelwerte beobachten, wie sie zunächst das ganze Fenster einnehmen, aber nach einem neuen Versuch mit der 10-fachen Anzahl an Simulationen sich zu einem strichförmigen Klumpen zusammenziehen, das Schätzintervall also erheblich schmaler geworden ist, so dass neue Intervallgrenzen eingegeben werden müssen, um wieder alle 10 Ergebnisse sichtbar zu machen und voneinander zu trennen. In Interaktionen der Lernenden untereinander drängen sich Erkenntnisse/Erfahrungen geradezu auf :

- Mit zunehmender Anzahl an Versuchen wird der Unterschied zwischen den Schätzungen immer geringer.
- Die Schätzwerte nähern sich offenbar einem Wert.

Lernende müssen ein Gefühl für die Größe der Schwankungen bei endlichen Serien bekommen. In Wirths (2019) hatte ich eine Frage hierzu entwickelt, an der ich das testen will : „In einem großen Krankenhaus werden täglich im Mittel 60 Kinder geboren, in einem kleinen 10. In beiden Hospitälern wird registriert, an wieviel Tagen mehr als 60 % der Kinder Jungen waren. Ist diese Zahl im großen Krankenhaus größer oder kleiner als oder genau so groß wie im kleinen Krankenhaus ?" Die visualisierten Ergebnisse sind so überzeugend, dass die Erfahrung über zufallsbedingte Effekte, die so ganz anders sind als in deterministischen Umgebungen, damit gut verankert sind, jedoch muss der Transfer auf jede neue Situation/Problemstellung ja gut trainiert werden, Fathom 2 liefert das Material und unterstützt dieses Lernen effektiv.

Ebenso wichtig wie dieses Gefühl für die Größe der Schwankungen ist eine Untermauerung der anschaulichen Vorstellung von der Konvergenz in unendlichen Serien, vom Stabil werden der relativen Häufigkeiten. Und auch hierzu leistet unser Versuch, vor allem die Visualisierung im Punktdiagramm, Boxplot oder Histogramm wertvolle Hilfen, schneller, besser und überzeugender als bei anderem Vorgehen.

10.4 Weitere Simulationsvorschläge

Die hier vorgestellte Simulation zur Bestimmung von Pi muss nicht die erste Simulation sein, die Lernende im Unterricht erleben, ganz im Gegenteil, sie sollten schon einige Simulationen erlebt und ausgewertet haben. Ich habe sie als Beispiel gewählt, weil ich einmal über etwas anderes als über meine Vorschläge im Stil von Wirths (2019) oder (2020) berichten wollte, und auch an dieser Simulation hervorragend die Besonderheiten stochastischen Denkens demonstrieren kann. Simulationen können in allen Jahrgangsstufen des Gymnasiums durchgeführt werden. Das gelingt mit Fathom 2 noch intensiver, wirkungsvoller und effektiver als mit bisherigen schulischen Möglichkeiten. Hier sei ein Querschnitt von den ersten Stunden ausgehend bis hin zu Fragestellungen des Studiums vorgestellt, eine willkürliche Auswahl ohne Anspruch auf Vollständigkeit, die jederzeit um weitere Vorschläge ergänzt werden kann :

Aufgabe : (Die abgebrochene Tennispartie)
„Roger Federer und Rafael Nadal bestreiten ein Tennis-Match. Beim Stand von 2 : 0 nach Sätzen für Federer muss die Partie abgebrochen werden. Wie ist die Gewinnsumme auf beide Spieler zu verteilen, wenn das Match auf 3 Gewinnsätze ausgeschrieben war ?"

In Kapitel 2 von Wirths (2019) wird ein ausführlicher Unterrichtsvorschlag für diesen Aufgabentyp gemacht. Eine Simulation mit Fathom 2 erleichtert die Datensammlung erheblich und schafft damit Zeit zum Nachdenken, Diskutieren, Erwägen und Ausführen von Simulationsergänzungen oder -änderungen wie zum Beispiel unterschiedliche Spielstärken der beiden Spieler in den (gedachten) Folgesätzen.

Aufgabe (3 Jäger und 10 Tauben)
„3 Jäger, alles sichere Schützen, schießen auf 10 Tauben, ohne sich untereinander abzusprechen, wer auf welche Taube zielt. Wie viele Tauben werden im Mittel getroffen ? "

Helmut Wunderling hätte seine helle Freude, wenn er sehen könnte, wie einfach heute seine 1977 veröffentlichte Aufgabe simuliert, vor allem wie überzeugend die Auswertung präsentiert werden kann. Sein „Hier nun ist man in einem Dilemma - und das ist kennzeichnend für „reale" Situationen -: Man kann den drei Jägern nicht hinreichend oft einen Baum mit 10 Vögeln präsentieren. Wir s i m u l i e r e n den Vorgang!" (Wunderling (1977), S. 400) kann als Begründung für eine Simulation nicht überzeugender formuliert werden. In Aufgabenstellungen anderer Autoren ist von 6 Vögeln (Tauben, Enten) die Rede, weil dort die Simulation mit einem Würfel einfacher durchzuführen und zu motivieren ist als der Umgang mit Tabellen von Zufallszahlen. Aber bei Fathom vertrauen wir dann wieder computergenerierten Zufallszahlen, eben der enorm größeren Schnelligkeit wegen.

Aufgabe : (Dosenwerfen) „3 Freunde, absolut sichere Werfer, werfen bei einer Kirmes auf 6 Dosen. Wie häufig treffen sie 1, 2 oder 3 Dosen ?"

Eine Abwandlung der vorigen Aufgabe. In Kapitel 3 von Wirths (2019) wird eine Unterrichtseinheit zu dieser Frage beschrieben, und dem, was an Grundlagen in den ersten Stunden zum Zusammenspiel von relativer Häufigkeit und Wahrscheinlichkeit gelegt werden kann. Bei einer Simulation mit Fathom kann die Annahme, alle treffen mit absoluter Sicherheit, abgeändert und ein 2-stufiges Verfahren programmiert werden. In der 1. Stufe wird wie bisher simuliert, auf welche Dose gezielt wird. In der 2. Stufe wird entschieden, ob getroffen wird oder nicht. In dieser 2. Stufe können vielfältige Erfahrungen mit unterschiedlichen Trefferwahrscheinlichkeiten gemacht werden.

Aufgabe : (Wurf mit 3 Würfeln) „Was ist vorteilhafter, mit 3 Würfeln auf die Augensumme 10 (11) oder auf 9 (12) zu wetten?"

Schon Galileo Galilei formulierte für das Würfeln mit drei Würfeln : „Es ist durch lange Beobachtungen bekannt, dass die Augensummen 10 und 11 vorteilhafter sind als 9 und 12." Schon Galileo sprach also von langer Beobachtung, daher machen wir es ihm nach. Wir können lange Beobachtungsreihen mit dem Computer erzeugen, benötigen dafür aber nur einen winzigen Bruchteil an Zeit gegenüber dem Vorgehen von Galileo, bis wir die Erkenntnis aus langer Beobachtung stützen können. Eigentlich wurde dies Problem bereits in der Schrift des Verfassers von „de Vetula", der auch Pseudo-Ovid genannt wird, um ca. 1250 gelöst. Dort sind alle 216 Fälle/Ergebnisse, die beim Wurf von drei Würfeln entstehen, abgebildet. Und ein einfaches Abzählen aller relevanten Möglichkeiten führt zum Ziel. Siehe auch Wirths (2020). Eine weitere interessante Frage zum Simulieren und Nachdenken ist : „Wieso kommt es, dass man bei 2 Würfeln die Augensumme 9 häufiger erhält als 10, aber bei 3 Würfeln die Augensumme 10 häufiger als 9 ?"

Aufgabe : (Chuck-a-luck) „Dein Einsatz beträgt 1 $ pro Spiel. Wähle rein zufällig ein der Zahlen 1, 2, 3, 4 5, oder 6. Würfele dreimal mit einem Würfel. Zeigt kein Würfel die von Dir gewählte Zahl, verfällt Dein Einsatz. Zeigt der Würfel einmal Deine Zahl bekommst Du 1 $, zeigt er sie zweimal 2 $ und wenn er sie dreimal zeigt, erhältst Du 3 $. Ist das Spiel fair ?"

Aufgabe : (Multiple-Choice-Test)
Bei der Aufgabe aus Kapitel 13.5 von Wirths (2020) werden Lösungen analytisch hergeleitet. Zur Simulation mit Fathom 2 findet man eine entsprechende Anleitung bei Biehler (2006), S. 141/3.

Aufgabe : (Geburtstagsproblem)
Auf S. 26 wurde eine analytische Lösung vorgeführt, bei der zu jeder Personenanzahl n die zugehörige Wahrscheinlichkeit berechnet werden kann. Es lohnt zusätzlich eine Simulation.

Aufgabe : (Sammelbildproblem)
„Wie viele Bilder einer Sammelbildserie müssen mindestens gekauft werden, um alle Bilder der Serie zu besitzen ?" oder „Wie viele Würfe mit einem L-Würfel muss man mindestens machen, damit alle Ergebnisse (1, 2, 3, 4, 5 und 6) wenigstens einmal gewürfelt wurden ?"

Aufgabe : (Warten auf die erste „6")
„Wie oft muss im Mittel ein Laplace-Würfel gewürfelt werden, bis zum ersten Mal eine „6" gewürfelt wird ?"

In Kapitel 6 von Wirths (2020) werden verschiedene analytische Lösungsmöglichkeiten aufgezeigt. Wer das Problem mit Fathom 2 simulieren will, findet eine gute Anleitung in Biehler (2006), S. 159 – 161. Weitere Aufgabenstellungen zur Wartezeit auf eine Doppelsechs beim Mehrfachwurf eines Laplace-Würfels oder 2 oder 3 gleiche Ergebnisse nacheinander beim Mehrfachwurf einer Laplace-Münze können sich unmittelbar anschließen. Es muss auch nicht immer der Laplace-Würfel sein, mit Riemer-Würfeln (siehe Riemer (1985) oder (1988)) wird es mindestens genauso interessant.

Aufgabe : (Laplace-Münze) „Wir werfen eine Laplace-Münze zweimal hintereinander. Wie oft erhält man gleiche Ergebnisse ?"

Für Lesende, die noch wenig geübt im stochastischen Denken sind, erscheint diese Aufgabe viel leichter zu sein als die anderen. Einverstanden; wenn wir ein theoretisches Modell erstellen, gehen wir von 2 möglichen Ereignisse aus : „2 gleiche Ergebnisse" (A) und „2 verschiedene

Ergebnisse" (B) und setzen P(A) = P(B) = 0,5, weil wir ja das Werfen eines Laplace-Würfels voraussetzen. Daher setzen wir für die erwartete Anzahl #A (#B) für das Eintreten von A beziehungsweise B, ohne lange nachzudenken, an : #A = #B. Wenn wir mit beiden erwarteten Anzahlen rechnen, dann ist der Quotient #A : #B = 1 und die Differenz #A - #B = 0. In der Theorie sieht das alles ganz einfach aus.

Die Überraschung erfolgt beim Auswerten von Simulationen. Dort stellen wir fest : P(A) ≠ P(B). Was der einen Wahrscheinlichkeit an 0,5 fehlt, hat die andere als Überschuss, ganz einsichtig ist dieser Zusammenhang. Es gilt aber auch : #A ≠ #B. Die Diskussion über die Abweichung der beobachteten Anzahl von der theoretisch erwarteten ist eben ein wichtiges Thema der Stochastik. Hier kann ich das erlebbar machen und den Boden vorbereiten. Geradezu folgerichtig erhalten wir, dass der Quotient #A : #B eben nicht wie in der Theorie 1 ist. Wenn wir eine Simulationsfolge mit immer größer werdender Anzahl n an Simulationen betrachten, dann sehen wir, dass dieser Quotient irgendwie in die Nähe der 1 gelangt, langsam, sehr langsam, für Ungeduldige sicher viel zu langsam. Wir können diese Annäherung vermuten. Aber bei der Differenz #A - #B erleben wir eine unerwartete Überraschung : Mit größer werdendem n nähert sich die Differenz nicht, wie theoretisch zu erwarten ist, 0, sondern die Differenz kann betragsmäßig durchaus immer größer werden und immer mehr von 0 abweichen. Es ist die Differenz der Logarithmen, die gegen Null strebt. Und das kann man später in die Simulation mit einbauen. Für mich ist diese theoretisch sehr schlicht und einfach zu modellierende Aufgabe enorm wertvoll, eine Simulation unbedingt erstrebenswert, um wichtige Facetten stochastischen Denkens, die für das Verständnis realer Zusammenhänge wichtig sind, erlebbar zu machen und zu heraus zu arbeiten.

Aufgabe : (vertauschte Briefe) In Biehler (2006, S. 157/9) finden wir neben der Aufgabenstellung : „Ein konfuser Mensch schreibt 10 Briefe und beschriftet danach die zugehörigen Umschläge. Völlig zerstreut steckt er die Briefe in die Umschläge, ohne auf die richtige Zuordnung zu achten. Wie groß ist die Wahrscheinlichkeit, dass kein Brief im richtigen Umschlag steckt ?" auch eine gute Anleitung zur Simulation.

Aufgabe : (2 Probleme von Ian Hacking aus Hacking (2006, S. 150))
    a. „Wie groß ist die Wahrscheinlichkeit, dass es bei 10 000 Würfen einer fairen Münze niemals zu einem Führungswechsel kommt ?"

    b. „Wie groß ist die Wahrscheinlichkeit, dass bei 10 000 Würfen einer fairen Münze eine Seite bei mehr als 9 930 Würfen in Führung liegt ?"

Leider schreibt Ian Hacking nicht, wie er die Wahrscheinlichkeit (er gibt rund 0,0085 an) in Aufgabe a berechnet hat und gibt auch – im Gegensatz zu den meisten anderen Übungsaufgaben seines Buches - keine Lösung für Aufgabe b an. Eine Simulation mit Fathom 2 hat für 10 000 Wiederholungen des 10 000-fachen Münzwurfs (im Gegensatz zu anderen oben beschriebenen Simulationen dauern je 1 000 Wiederholungen des 10 000-fachen Münzwurf einige Minuten, aber es lohnt auf Ergebnisse zu warten) diese Ergebnisse erbracht :

Aufgabe a : Pr(kein Führungswechsel) = 0,0158 sowie für die

Aufgabe b : Pr(eine Seite führt mehr als 9 930 Mal) = 0,0990.

Wir unterscheiden dabei 3 Zustände : „Wappen führt", „Zahl führt" und „Gleichstand".

10.5 Abschluss

In Kapitel 2 von Wirths (2020) habe ich geschrieben : „Dabei kommt auch Simulationen eine besondere Bedeutung zu. Dieser früher etwas stiefmütterlich behandelte Problemkreis ist es wert, dass man ihm eine Unterrichtseinheit widmet. Die folgenden Thesen nach Riemer (siehe Riemer (1985) oder (1988)) charakterisieren das Vorgehen :
- Die Stochastik lebt von Experimenten.
- Experimente beantworten (Schüler-) Fragen.
- Die Fragen müssen **vor** den Experimenten gestellt werden.
- In Interaktionen zwischen den Schülern werden Begriffe und Methoden ausgehandelt.
- Das Gefühl für die Größe der Schwankungen der relativen Häufigkeiten in endlichen Versuchsserien ist ebenso wichtig wie die Konvergenz in unendlich langen Serien."

Heute formuliere ich den zweiten Satz anders und passe ihn den neuen Möglichkeiten an : „Dieser früher etwas stiefmütterlich behandelte Problemkreis ist es wert, dass regelmäßig Simulationen in den Unterricht eingebettet werden." Inzwischen verfügen wir mit unseren elektronischen Hilfsmitteln über genügend Möglichkeiten dazu. Mit der dynamischen Statistik- und Statistikanalyse-Software Fathom 2 kann ich diese Erfahrungen jetzt so organisieren, wie ich es damals schon erhofft und mit anderen Methoden zeitaufwändig organisiert hatte, wenn ich die Fähigkeiten des Programms konsequent ausnutze. Auf diese Weise kann ich Lernenden vielfältige Erfahrungen im Umgang mit und im Sammeln von Daten ermöglichen, und das nicht nur mit den hier beschriebenen Simulationen. Fathom 2 kann ich als Statistikanalyse und Stochastikprogramm für alle schulrelevanten stochastischen Problemstellungen einsetzen, und sogar noch über den Einsatz in der Schule hinaus. Als Literatur insbesondere für schulische Möglichkeiten sei auf die Kasseler Online-Schriften zur Didaktik der Stochastik (KaDisto) hingewiesen.

Die Inhalte dieses Kapitels wurden erstmalig am 17.11.2008 auf der 55. Bremerhavener MNU-Tagung vorgetragen.

11. Eine Aufgabe von Perelman

11.1 Vorbemerkungen

Jakow Issidorowitsch Perelman (1882 – 1942) war ein russischer Wissenschaftler, Journalist und Autor. Für Kinder hatte er in Leningrad ein Haus der unterhaltsamen Wissenschaft gegründet. Die dort diskutierten Fragen und ihre Lösungen findet man in seinen populärwissenschaftlichen Büchern über Themen aus Mathematik und Physik, die allein in der Sowjetunion 400 Auflagen erfuhren und in über 13 Millionen Exemplaren gedruckt wurden. Davon wurden 18 Bücher ins Englische und 15 ins Deutsche übersetzt. Eine der dort aufgeworfenen Fragen lautet : „Wie kann man eine Zahl erraten, ohne Fragen zu stellen ?" Perelman führte dazu folgendes Beispiel an : „Denke Dir eine 3-stellige Zahl aus, die nicht auf Null endet. Eine weitere Bedingung ist, dass die Differenz zwischen der Ziffer an der Hunderterstelle und der an der Einerstelle mindestens zwei sein muss. Drehe dann die Zahl um (schreibe die drei Ziffern in umgekehrter Reihenfolge) und subtrahiere die kleinere von der größeren Zahl. Addiere danach zu dieser Differenz die umgedrehte Differenz. Ohne etwas zu fragen, sag ich Dir das Ergebnis, was Du nach korrekter Rechnung erhalten hast. Es ist 1089 – und zwar immer." (nach Lingmann/Schmiedel (1987), S. 167/8)

11.2 Das Unterrichtsprojekt

Ganz so einfach möchte ich es den Lernenden nicht machen, also nicht das Ergebnis verraten. Sie sollen selbständig herausfinden, was das Besondere an dieser Folge von Anweisungen ist, sollen es selber entdecken. Daher fange ich ohne irgendwelche Einschränkungen an : „Denke Dir eine 3-stellige Zahl aus. Drehe dann die Zahl um (das bedeutet : Schreibe die drei Ziffern in umgekehrter Reihenfolge) und subtrahiere die kleinere von der größeren Zahl. Addiere danach zu dieser Differenz die umgedrehte Differenz." Alle Lernenden sollen jede(r) für sich diese Aktionen ausführen. Mal sehen, ob ihnen irgendetwas, und wenn ja, was ihnen auffällt.

Und schon kommen die ersten Antworten. Das Ergebnis ist 1089 (wie im linken Bild dargestellt), behaupten einige. Nein, es ist 0, erwidern andere. Ja, wenn die Ziffer an der Hunderterstelle H und die an der Einerstelle E gleich sind, dann erhalten wir 0. Und für diesen letzten Fall erhalten wir auch ganz schnell eine exakte Begründung. Wenn die Ausgangszahl die Ziffernfolge HZH hat, dann führt die Umkehrung der Ziffern ebenfalls zu HZH, die Differenz also 0, oder mit 3 Stellen ausgedrückt 000. Die Umkehrung davon lautet ebenfalls 000, so dass wir als Endergebnis (Summe) 0 erhalten. Es gibt 100 verschiedene Möglichkeiten (10 für die Hunderterstelle, 10 für die Zehnerstelle), dieses Ergebnis zu erhalten. Insgesamt gibt es aber 1 000 3-stellige Zahlen, angefangen mit der 0, geschrieben als 000, über die 1, geschrieben als 001, bis hin zu 999. Für 100 dieser Möglichkeiten haben wir schon einen einfachen Beweis mit Hilfe von Variablen geführt, müssen also nicht alle 100 Fälle der Reihe nach durchprobieren, für die restlichen 900 Fälle stehen Überlegungen noch aus.

Wir sind uns einig, dass Perelman diesen einfachen Fall mit Ergebnis 0 sicher nicht gemeint hat. Solch eine Aufgabe sei zu simpel, da gebe es nichts, worüber man intensiv nachdenken müsse, und auch keine Überraschung, so die übereinstimmende Meinung der Lernenden. Also verändern wir die Aufgabenstellung und führen eine Einschränkung ein : „Denke Dir eine 3-stellige Zahl aus, bei der die Ziffer an der Hunderterstelle verschieden ist von der an der Einerstelle. Drehe dann die Zahl um (das bedeutet : Schreibe die drei Ziffern in umgekehrter Reihenfolge) und subtrahiere die kleinere von der größeren Zahl. Addiere danach zu dieser Differenz die umgedrehte Differenz." Erhalten wir in diesen restlichen 900 Fällen immer 1 089 als Ergebnis ? Wir vermuten es. Aber nur weil wir bis jetzt kein Gegenbeispiel gefunden haben, bedeutet das nicht, dass wir in allen 900 Fällen 1089 als Ergebnis erhalten. Nur können wir es nicht so einfach wie im Fall Hunderterziffer = Einerziffer (H = E) beweisen.

11.3 Ein Arbeitsblatt

Bevor uns an den Beweis der Vermutung herantrauen, wollen wir hier ein Arbeitsblatt mit Hilfe einer Tabellenkalkulation erstellen, an dem wir die Aufgabe von Perelman studieren können. Was an Text eingegeben werden muss, entnehmen wir dem unten abgedruckten Bild des fertigen Arbeitsblatts. Wir verzichten auf aufwändige Formatierungen und lassen bei der Eingabe alle Einsetzungen zu, um möglichst einfach programmieren zu können. In der 5. Zeile werden die 3 Ziffern in der Reihenfolge H, Z und E eingegeben, jeweils eine Ziffer in einer der Spalten A, B und C. In B6 steht als Befehl „100*A5+10*B5+C5", mit dem wir die Ausgangszahl berechnen, in B7 „100*C5+10*B5+A5" für die „umgedrehte" Zahl. Aus a − b = (−1)·(b − a) folgt, dass beide Subtraktionen den gleichen Betrag ergeben und sich nur im Vor-

	A	B	C	D	E	F	G
1			**Eine Aufgabe von Perelman**				
2	Eingabe einer dreistelligen Zahl HZE. H : Hunderterziffer, Z : Zehnerziffer, E : Einerziffer						
3	Bei jeder Variablen darf jede Ziffer aus {0, 1, 2, ..., 9} eingesetzt werden.						
4	H	Z	E				
5	3	2	1				
6	Ausgangszahl	**321**		1. Ziffer Unterschied H	1		
7	umgedreht	123		2. Ziffer Unterschied Z	9	98	Unterschied ZE
8	Unterschied	198		3. Ziffer Unterschied E	8		
9	umgedreht	891					
10	Endergebnis	**1089**					

zeichen unterscheiden. Wir ersparen uns eine Fallunterscheidung in Bezug auf größere Zahl minus kleinere Zahl, wenn wir mit dem Absolutbetrag der Differenz weiter rechnen. Wir nennen die so gebildete Differenz „Unterschied" und tragen in B8 den Befehl „=Abs(B6 - B7)" ein. Danach müssen wir die Hunderter-, Zehner- und Einerziffer des Unterschieds bestimmen lassen. „=ABRUNDEN(B8/100;0)" schreiben wir nach E6 und erhalten so die Hunderterziffer des Unterschieds. Mit „=(B8-100*E6)" errechnen wir in F7 den Unterschied vermindert um die Hunderter, mit „=ABRUNDEN(F7/10;0)" berechnen wir danach die Zehnerziffer des Unterschieds und schließlich mit „=(F7-10*E7)" die Einerziffer des Unterschieds. Natürlich könnten wir die beiden letzten Befehle in einen einzigen verschmelzen. Ich entspreche hier dem Wunsch einer Lerngruppe, das Zwischenergebnis sichtbar zu machen. In B9 errechnen wir mit „100*E6+10*E7+E8" den „umgedrehten" Unterschied. Das Endergebnis erhalten wir als Summe mit dem Befehl „=(B8+B9)". Damit ist das Arbeitsblatt fertig und lädt zum Experimentieren mit unterschiedlichen Zahlen ein. Wer will, kann noch mit besonderen Formatierungen das Layout des Arbeitsblatts verschönern, zwingend notwendig ist dies jedoch nicht.

11.4 Zwischenbilanz

Das Entwickeln des Rechenblatts und der Umgang mit ihm hat Lernende auf einen völlig neuen Gedanken gebracht. Wir können ein Computer-Programm, das alle 900 oder, wenn man auf die Einschränkung H ≠ E verzichten will, alle 1 000 Fälle durchspielt und als Ergebnis das geordnete Paar (Ausgangszahl, Ergebnis) ausgibt, realisieren. Es sind ja nur 3 FOR-Schleifen, mit denen die Eingabe der Ziffern an den 3 Stellen und das Rechnen automatisiert werden kann. Aber ist das denn auch ein Beweis, oder noch pointierter formuliert : ein exakter Beweis, den Mathematiker anerkennen, wenn wir solch eine Liste mit 100 Fällen und dem Ergebnis 0, was wir jetzt schon exakt wissen, und 900 Fälle mit dem Ergebnis 1 089 erhalten ? Nun, ich finde solch eine Überlegung, wenn sie aus der Lerngruppe heraus vorgetragen wird, diskussionswürdig. Früher waren solche Überlegungen auch durchaus möglich, wurden auch geäußert, nur wurden sie nie realisiert. Der dazu erforderliche Aufwand, händisch zu rechnen, war einfach nicht zu rechtfertigen. Aber heute können geschickte Programmierer solch eine vollständige Auflistung aller Fälle realisieren. Einige tun es auch und halten stolz ihre Liste mit den Ergebnissen in der Hand. Für sie ein Beweis, dass in den 900 noch offenen Fällen immer 1 089 als Ergebnis herauskommt.

11.5 Der exakte Beweis

Beweisen ist eine Tätigkeit, an die Mathematiker besondere Anforderungen stellen. Warum sollen wir 900 verschiedene Fälle einzeln der Reihe nach händisch durchspielen oder vom Computer durchspielen lassen, wenn wir es mit Variablen in einem Durchgang schaffen ? Genau zu diesem Zweck haben wir doch Variablen in den Mathematikunterricht eingeführt und werden Variablen in der Mathematik benutzt. Nur erschließt sich der exakte Beweis für die restlichen 900 Fälle nicht so einfach wie der Beweis für die 100 anderen Beispiele.

Lesende orientieren sich bitte an dem Rechenbeispiel aus Abschnitt 11.2 mit konkreten Zahlen, noch besser erstellen nach dem Vorbild dieses Beispiels eine eigene Rechnung, bevor sie den abstrakten Beweis mit den Variablen H, Z und E lesen und nachvollziehen.

Die 3-stellige Zahl HZE habe die 3 Ziffern H, Z und E, wobei H Variable für die Ziffer an der Hunderterstelle, Z für die an der Zehnerstelle und E für die an der Einerstelle ist, jeweils in der Ausgangszahl, die wir uns ausgedacht haben. Für H, Z und E kommen die 10 Ziffern 0, 1, 2, 3, 4, 5, 6, 7, 8 und 9 in Frage, wobei wir aber immer laut Aufgabenstellung $H \neq E$ wählen müssen. Die umgedrehte Zahl hat dann die Ziffernfolge EZH.

Wir betrachten den Fall $H > E$:
In diesem Fall ist EZH kleiner als HZE. Daher subtrahieren wir EZH von HZE, also die Zahl in der 2. Zeile von der Zahl in der 1. Zeile, und erhalten bei der Differenz :
An der Einerstelle : $10 + E - H$, da wir uns wegen $E < H$ einen Zehner „borgen" müssen. Hier wird die Voraussetzung $H > E$ benötigt, woraus $E - H < 0$ folgt.
An der Zehnerstelle : $10 + Z - Z - 1 = 9$, weil wir uns wegen $Z - Z - 1 < 0$ (-1, weil wir uns ja eben einen Zehner geborgt haben) einen Hunderter borgen müssen.
An der Hunderterstelle : $H - E - 1$, (-1, da wir einen Hunderter an die Zehner abgegeben haben.).
Für die Differenz gilt : $100 \cdot (H - E - 1) + 10 \cdot 9 + 10 + E - H = 99 \cdot H - 99 \cdot E = 99 \cdot (H - E)$. Wenn $(H - E) = 1$ ist, dann beträgt die Differenz 99, die wir 099 schreiben und damit weiter rechnen. Wenn wir $|H - E|$ vorgeben, kennen wir die Differenz, gleichgültig, welche Ausgangszahl gewählt wurde. Ein weiteres einfaches Zahlenrätsel (Zahlen"trick") bietet sich an.
Die Differenz hat die Ziffernfolge : $(H - 1 - E)$ 9 $(10 + E - H)$
Wir drehen diese Ziffernfolge um : $(10 + E - H)$ 9 $(H - 1 - E)$.
Wir addieren und erhalten : $100 \cdot (H - 1 - E + 10 + E - H) + 2 \cdot 9 \cdot 10 + (H - 1 - E) + (10 + E - H) = 100 \cdot 9 + 180 + 9 = 900 + 180 + 9 = 1 089$, wie behauptet.

Der Fall $H < E$ wird genauso behandelt, nur dass wir hier bei der Subtraktion von der Zahl in der 2. Zeile die Zahl der 1. Zeile abziehen müssen und ansonsten analog zum vorigen Fall weiter argumentieren können, was sich Lesende an einem konkreten Beispiel klar machen können.

Damit ist der Beweis für die restlichen 900 Fälle erbracht. Wir müssen nun nicht mehr alle diese Fälle einzeln durchspielen und das Ergebnis berechnen. Wir wissen allein durch diesen Beweis, dass wir 1 089 als Ergebnis in allen diesen 900 Fällen erhalten.

Die Beweisanalyse hat ergeben, dass nur die Bedingung H ≠ E erfüllt sein muss, um alle Lösungen mit dem Endergebnis 1 089 zu erhalten. In der Formulierung der Aufgabe aus Lingmann/ Schmiedel (1987) wurden von Perelmann oder den Übersetzern/Bearbeitern stärkere Einschränkungen für H und E gefordert. Diese sind jedoch mathematisch nicht erforderlich. Sie sollen aber dafür sorgen, dass die Hunderterstelle bei der umgedrehten Ausgangszahl (E ≠ 0) sowie bei der Differenz (Unterschied zwischen H und E größer als 1) nicht 0 werden kann, dort also immer eine echte 3-stellige Zahl steht. Natürlich ist der Beweis für die in Lingmann/ Schmiedel gestellte Aufgabe mit unserem Beweis ebenfalls erbracht worden; die dort eingeschränkte Aufgabenstellung ist ja ein Spezialfall unserer allgemeineren Formulierung.

11.6 Abschlussbemerkungen

Elektronische Hilfsmittel sollten so oft es geht im Unterricht eingesetzt werden, Lernende möglichst viele Facetten des Einsatzes kennen lernen, möglichst viel Umgang mit dem Hilfsmittel haben. Dieses Beispiel konnte früher zwar auch ohne solch ein Hilfsmittel bearbeitet werden, es wird also nicht erst durch neue Hilfsmittel für den Unterricht interessant und behandelbar. Aber selbst wenn jeder Lernende früher 4 Beispiele per Hand ausgerechnet hat, dann sind es bei 25 Lernenden zusammen höchstens 100 verschiedene Beispiele, die zusammengetragen werden konnten, wegen Überscheidungen werden es in der Regel jedoch weniger gewesen sein. Mir ist in diesem Fall wichtig, aufzuzeigen dass mit dem neuen Hilfsmittel alle 900 oder sogar alle 1 000 Fälle durchgerechnet werden können, um eine Vermutung zu bestätigen und auszuschließen, dass es Gegenbeispiele gibt. Durch den deutlichen Kontrast zwischen dem bloßen Durchrechnen aller möglichen Fälle und einem Beweis mit Variablen kann ich die Vorzüge des Beweises mit Variablen aufzeigen. 900 (100) Einzelrechnungen durch eine einzige Rechnung zu erfassen, dieses Bemühen lohnt. Mathematiker lieben halt eine Darstellung, die so kurz wie eben möglich ist, und sehen ein Durchrechnen aller Möglichkeiten allenfalls als Notbehelf an, aber nicht als Ziel ihrer Bemühungen. Wenn es in anderen Beispielen unendlich viele Einsatzmöglichkeiten bei der Variablen gibt, kann ich diesen Gegensatz nur andeuten. Es ist allen Lernenden klar, dass hier das Ausprobieren einer Stichprobe mit positivem Ergebnis keinen Beweis einer Behauptung oder Vermutung darstellt. Ein exakter Beweis muss dann anders geführt werden. In der Problemstellung von Perelman müssen wir nur 3 verschiedene Fälle unterscheiden (H = E, H > E, H < E). Der eine Beweis (für den Fall H = E) ist leicht und kann ohne große Mühen erbracht werden. Bei den beiden anderen Fällen orientieren wir uns an der per Hand gerechneten Lösung und bilden diese beim Beweis nach. Per Hand rechnen können ist also auch durch das elektronische Hilfsmittel nicht überflüssig geworden. Beim Beweis haben wir entdeckt, dass erheblich weniger Einschränkungen als in der uns durch Lingmann/Schmiedel überlieferten Aufgabenstellung zum von Perelman behaupteten Ergebnis 1089 führen. So können wir Lernenden überzeugend die Vorzüge eines offenen Einstiegs ohne Einschränkungen vorführen und ihnen zeigen, an welcher Stelle Einschränkungen zwingend notwendig werden, und auch warum sie dann gemacht werden müssen. Die Bücher von Perelman und andere populärmathematische Darstellungen liefern weitere Aufgabenstellungen von Zahlenrätseln, die mit der hier vorgestellten Vorgehensweise analog gelöst werden können. Daher wünsche ich Lesenden viel Spaß beim eigenen Entdecken weiterer Möglichkeiten.

12. Das Sierpinski-Dreieck –
ein Ausflug in die Welt der Fraktale.

12.1 Vorbemerkungen

Das Sierpinksi-Dreieck (oberes Bild) ist nach dem polnischen Mathematiker Waclaw Sierpinski (1882-1969, siehe Foto) benannt, der es 1915 beschrieben hat. Man geht von einer Ausgangsfigur aus, in unserem Fall einem gleichseitigen Dreieck. Die Beschränkung auf ein gleichseitiges Dreieck ist nicht unbedingt erforderlich, es darf auch ein beliebiges Dreieck als Ausgangsfigur gewählt werden. Jedoch ist unsere Vorgabe wegen der Symmetrien und der daraus resultierenden einheitlichen Ergebnisse sehr zu empfehlen. An der Ausgangsfigur führt man dann Konstruktionsschritte durch, die im nächsten Abschnitt näher erläutert werden. Dabei erzeugt man kleinere gleichseitige Dreiecke und wiederholt an diesen kleineren gleichseitigen Dreiecken diese Konstruktionsschritte immer wieder. Also schauen wir uns die ersten Konstruktionsschritte genauer an, bevor wir uns einer Umsetzung dieser Routinen mit dem elektronischen Hilfsmittel zuwenden.

12.2 Die Ausgangsfigur und die Konstruktionsschritte.

Ausgangsfigur ist ein Dreieck (gleichseitig), dessen drei Seiten alle gleich lang sind :

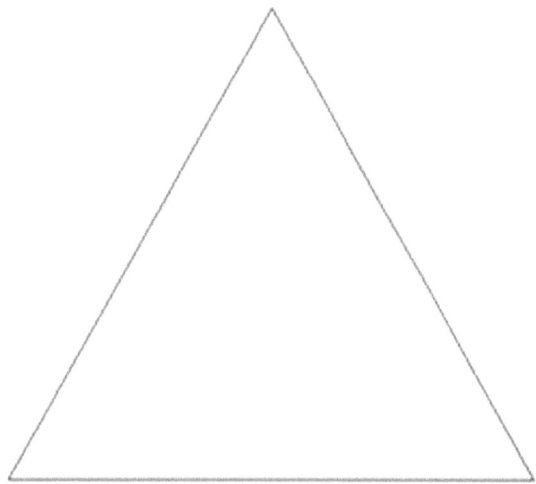

Konstruktion :

Verbinde die Mittelpunkt der drei Seiten des Ausgangsdreiecks alle miteinander. Es entstehen vier neue, kleinere gleichseitige Dreiecke. Das innerste dieser neuen Dreiecke, das sogenannte Mittendreieck, bei dem die Mittelpunkte der Seiten des Ausgangsdreiecks die Eckpunkte sind, wird ausgeschnitten/ausgestanzt, es bildet sich dort ein Loch. Real werden wir das Ausstanzen nicht durchführen, um die gesamte Figur nicht zu zerstören. Wir denken es uns nur. Wir können uns aber auch anders helfen, um anzudeuten, dass dieses Dreieck für die weiteren Konstruktionen nicht benötigt wird, indem wir dieses Mittendreieck einfärben. Das folgende Bild zeigt diese Konstruktionsstufe 1 :

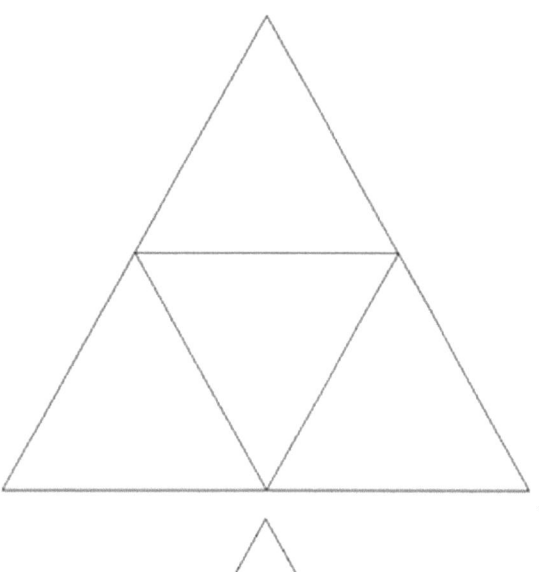

Wir denken uns im linken Bild das Mittendreieck ausgestanzt oder eingefärbt. Und nun kommen die Schritte, die immer wieder wiederholt werden :

Wiederholung :

Wiederhole die oben definierte Konstruktion mit jedem neu erzeugten Dreieck, nicht aber mit den Löchern.

Wir führen die Anweisung der Wiederholung auf die links abgebildete Figur der Konstruktionsstufe 1 aus und erhalten das Bild der Konstruktionsstufe 2 :

Nun führen wir bei der links abgebildeten Figur der Konstruktionsstufe 2 die Wiederholungsanweisung aus und erhalten das Bild der Konstruktionsstufe 3. Dieses und die Bilder der folgenden Konstruktionsstufen werden auf der nächsten Seite abgebildet. Danach führen wir beim Bild der Stufe 3 die Wiederholungsanweisungen aus und erhalten das Bild der Stufe 4. Nun führen wir beim Bild der Stufe 4 die Wiederholungsanweisungen aus und erhalten das Bild der Konstruktionsstufe 5. Nun führen wir beim Bild der Stufe 5 die Wiederholungsanweisungen aus und erhalten das Bild der Konstruktionsstufe 6. Wir haben die Grenzen der Auflösung unserer Zeichengeräte erreicht und hören auf, weitere Wiederholungen durchzuführen. Es würde auch nichts mehr bringen, mit einer größeren Figur zu beginnen. Wir könnten dann vielleicht noch eine Stufe mehr darstellen.

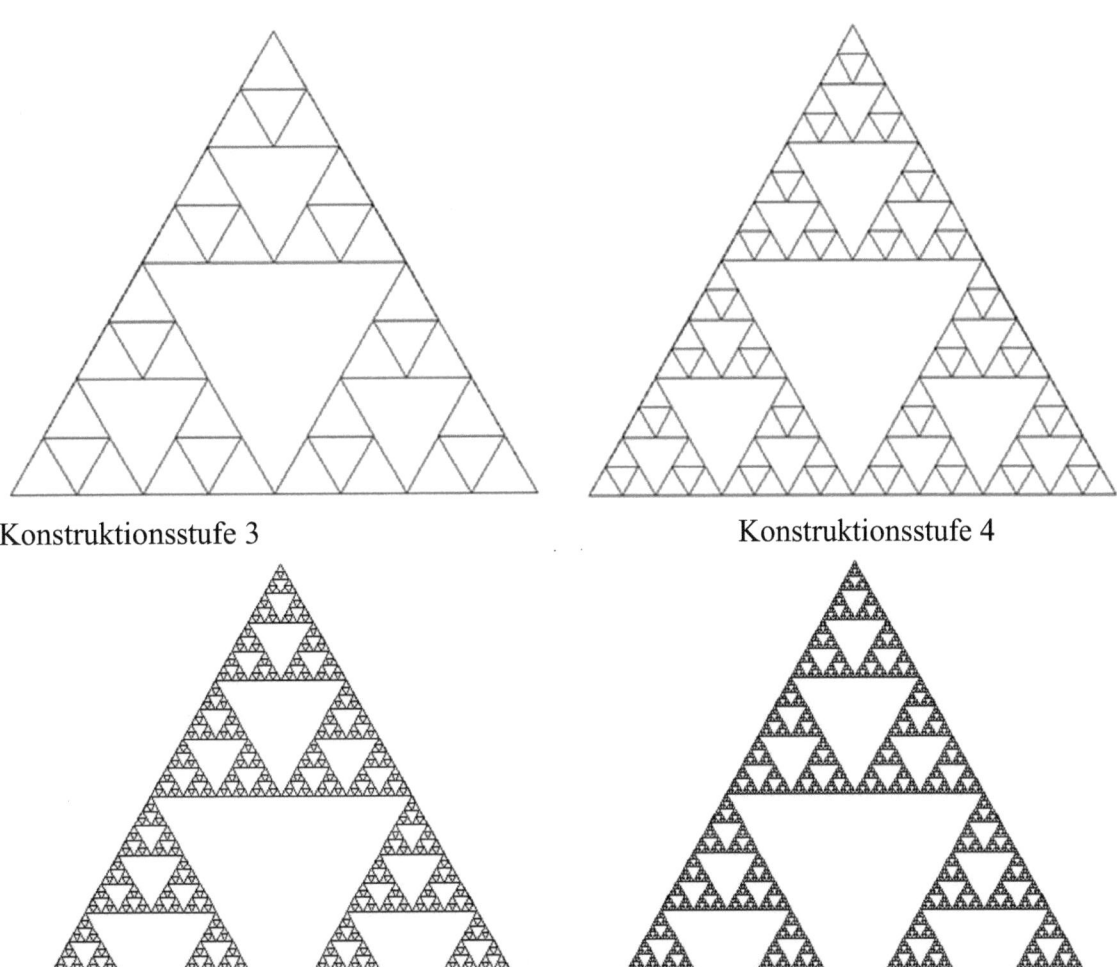

Konstruktionsstufe 3   Konstruktionsstufe 4

Konstruktionsstufe 5   Konstruktionsstufe 6

Eigentlich haben wir in der Folge der Bilder genug gesehen, um erste Vermutungen aufzu-stellen. (Fläche der Dreiecke, Anzahl der Dreiecke, Umfang der Figur, ...). Mathematiker sind allerdings hartnäckig und stellen sich auch die Frage : Was passiert, wenn wir immer weiter, im Idealfall unendlich oft, die Wiederholungsanweisungen durchführen ? Wir können die weiteren Auswirkungen nicht mehr bildlich darstellen. Und auch sie sich vorzustellen, fällt vielen nicht mehr leicht. Mathematiker entwickeln Gleichungen („Formeln") und erreichen damit verblüffende Ergebnisse : Es wird immer mehr aus dem gleichseitigen Dreieck ausge-schnitten, der Flächeninhalt des Sierpinski-Dreiecks, wird immer kleiner, er strebt gegen Null. Die Länge des Randes des Sierpinski-Dreiecks wird von Stufe zu Stufe größer und strebt gegen Unendlich. Und die Dimension der Figur ? Nun, es spielt sich nicht alles auf einer Linie/Kurve ab, also ist die Dimension zweifellos größer als 1. Aber es wird von der zweidimensionalen Ausgangsfigur immer mehr weggenommen. Ist daher die Dimension auch nicht 2 ? Es fehlt ja so vieles in der Fläche. In der Mathematik gibt es eine ganz abstrakte Definition der Dimension und eine daraus entwickelte Berechnungsgleichung. Daraus folgt : Das Sierpinski-Dreieck hat die Dimension 1,58496... , also eine Zahl zwischen 1 und 2. Schwer vorstellbar sind solche "krummen" Dimensionen, aber folgerichtig errechnet. Und wer in einer Fernsehsendung vom Typ „Wer weiß das denn schon ?" nach einer Figur mit Flächeninhalt 0 und Umfang unendlich gefragt wird, reagiert vermutlich ganz spontan und bezweifelt, dass es so etwas überhaupt gibt. Aber das Sierpinski-Dreieck ist solch eine Figur, und nicht die einzige, die diese Bedingungen erfüllt.

12.3 Die Umsetzung in ein elektronische Hilfsmittel.

Hier bietet sich eine dynamische Geometrie-Software (DGS) wie Euklid/Dynageo oder Cabri Geomètre geradezu an. Wir müssen nicht unbedingt von einem gleichseitigen Dreieck ausgehen, es reicht irgendein Dreieck. Möglichst groß sollte sein, damit wir einige Iterationsstufen sichtbar durchführen können.

1. Wir konstruieren die Ausgangsfigur wie in 5.2 beschrieben. Diese einfache Konstruktion ist schnell durchgeführt, ohne dass wir dazu ein Makro benötigen, es sei denn wir wollen ein exakt gleichseitiges Dreieck konstruieren, für das sich die Bereitstellung eines Makros im vorhergehenden Unterricht lohnt. Auch die Mittelpunkte der drei Dreiecksseiten sind schnell mit dem DGS konstruiert, ebenso alle drei Verbindungsstrecken. Wir haben die Figur der Konstruktionsstufe 1 erreicht und speichern diese Datei ab.

2. Da wir ab jetzt die Konstruktion immer wiederholen, wollen wir ein Makro „sierpinskid" erstellen, das aus 3 gegebenen Punkten den in der ersten Stufe durchgeführten Konstruktionsschritt ausführt. Wir speichern dieses Makro ab.

3. Wir führen dieses Makro bei jedem der neuen Dreiecke aus, wobei wir aber immer das Mittendreieck aussparen.

Das Bild der 2. Konstruktionsstufe ist schnell erreicht. Aber es werden immer mehr Ausführungen des Makros in den nächsten Schritten erforderlich. Als Alternative können wir austesten, wie viele Konstruktionsschritte möglich sind, bevor die Dreiecke so klein geworden sind, dass die weiteren Unterteilungen nicht mehr dargestellt werden. Ich konzentriere mich dabei gerne auf das Dreieck direkt unterhalb der Spitze. Bei ausreichend großem Ausgangsbild können wir dabei durchaus die 4. Konstruktionsstufe noch erreichen, bevor dann statt der Unterteilung in Dreiecke nur noch die Symbole für 3 Punkte die Spitze und den oberen Teil des Dreiecks überdecken. In diesem Fall sind wir dann einen Schritt zu weit gegangen und müssen diesen Konstruktionsschritt rückgängig machen.

12.4 Abschlussbemerkungen

Nach einer kurzen Einführung in die Arbeit mit einem DGS kann dieses Thema bereits behandelt werden. Das erste Bild dieses Kapitels übt eine starke Motivation aus, vergleichbares selber produzieren zu wollen. Außerdem haben wir hier ein Musterbeispiel für die lohnende und sinnvolle Einführung eines Makros. Es muss sehr oft benutzt werden, wenn wir Bilder der ersten Konstruktionsstufen erhalten wollen. Natürlich ist ein großer Bildschirm von Vorteil, wenn ich Bilder von der Entstehung des Sierpinski-Teppichs demonstriere und möglichst viele Konstruktionsstufen erreichen will. Aber ich lege großen Wert auf selbständiges Arbeiten aller Lernenden. Und da ist dann eine kleinere Arbeitsfläche durchaus ein tragbarer Kompromiss, wenn alle Lernenden über gleichwertige Geräte verfügen, auch dann, wenn sie damit nicht über Konstruktionsstufe 2 oder 3 hinauskommen können; denn auch dann kann ich die Entstehung des Sierpinski-Teppichs erlebbar machen. Und genau das ist mir wichtig. Und liebe Lesende : Ist die hier aufgezeigte Möglichkeit nicht auch eine gute Gelegenheit, eine interessante Vertretungsstunde in einer fremden Klasse zu gestalten, wenn die Lernenden über erste Erfahrungen und eine gewisse Sicherheit im Umgang mit einem DGS haben ? Lernende können das in solch einer Stunde erarbeitete sinnvoll zu Hause zu Ende führen. Und solche Gelegenheiten sollten Lehrende nutzen. In diesem Sinne viel Spaß und auch viel Erfolg beim Umgang mit diesem für Lernende interessanten und sie auch interessierenden Thema.

13. Gleichungssysteme und Taschencomputer

13.1 Eine Mischung von Wasser und Glycerin

Die folgende Problemstellung kann so oder ähnlich im Physikunterricht der Mittelstufe behandelt werden und kann eine Unterrichtseinheit „Gleichungssysteme" bei Einsatz eines zumindest graphikfähigen Taschenrechners im Mathematikunterricht enorm bereichern:

„Es werden m_w = 80 g Wasser mit einer Anfangstemperatur ϑ_w = 70 °C mit m_g = 60 g Glycerin mit einer Anfangstemperatur ϑ_g = 20 °C gut miteinander vermischt. Für die Wärmekapazitäten setzen wir an: $c_w = 4{,}2 \frac{J}{g \cdot K}$ und $c_g = 2{,}4 \frac{J}{g \cdot K}$. Welche Temperatur stellt sich nach der Mischung der beiden Flüssigkeiten ein, wenn von Energieverlusten abgesehen werden soll?"

Energieaufnahme und -abgabe berechnen wir mit Hilfe der Gleichung $W = c \cdot m \cdot \Delta T$. c ist dabei die spezifische Wärmekapazität des Körpers, die uns darüber informiert, wie viel Joule dem Körper zugeführt werden muss, um 1 g um 1 K ($\triangleq$ 1 °C) zu erwärmen oder entsprechend bei Abkühlung, wie viel Joule von 1 g bei einer Temperaturerniedrigung um 1 K abgegeben wird. m ist die Masse des Körpers, der Wärme aufnimmt oder abgibt. Mit ΔT beschreiben wir den Unterschied zwischen der Temperatur des Körpers zu Beginn und am Ende des Versuchs. Wenn wir von Energieverlusten absehen, dann sind bei unserer Aufgabe zwei Körper am Energieaustausch beteiligt, Wasser und Glycerin. Das warme Wasser gibt Energie an das kältere Glycerin ab, wobei gilt: $W_{ab} = 4{,}2 \cdot 80 \frac{J}{g \cdot K} \cdot (343\,K - T) = 115\,248\,J - 336 \frac{J}{K} \cdot T$.

Aus der Gleichung für W_{ab} lesen wir ab oder können wir interpretieren:

- Mit jeder Temperaturerniedrigung um 1 K ($\triangleq$ 1 °C) verliert das Wasser 336 J an Energie. Bei einer Erniedrigung um insgesamt 343 K, also auf den absoluten Nullpunkt, beträgt die verbleibende Energie 0 J.
- Im warmen Wasser ist also eine Energie von 115 248 K bezogen auf den absoluten Nullpunkt T = 0 K gespeichert. Wir fassen W_{ab} als eine Funktion der Temperatur T auf. Diese lineare Funktion hat als Graph eine fallende Gerade.

Das im Vergleich zum Wasser kalte Glycerin nimmt Energie aus dem wärmeren Wasser auf: $W_{auf} = 2{,}4 \cdot 60 \frac{J}{g \cdot K} \cdot (T - 293\,K) = 144 \frac{J}{K} \cdot T - 42\,192\,J$. Aus der Gleichung für W_{auf} lesen wir ab oder können wir interpretieren:

- Das Glycerin besitzt eine Energie von 0 J bei T = 293 K ($\triangleq$ 20 °C).
- Mit jeder Temperaturerhöhung um 1 K ($\triangleq$ 1 °C) erhalten 60 g Glycerin 144 J an Energie.
- Wir fassen W_{auf} als eine Funktion der Temperatur T auf. Diese lineare Funktion hat als Graph eine steigende Gerade.
- Interessant und lohnend ist auch die Interpretation des in diesem Falle negativen y-Achsenabschnitts der Geradengleichung.

Wir erwarten eine Mischungstemperatur T_m zwischen 293 K ($\triangleq$ 20 °C) und 343 K ($\triangleq$ 80 °C). Früher dauerte das Zeichnen der beiden Graphen mit Bleistift und Papier einige Zeit. Heute setze ich einen zumindest graphikfähigen Taschenrechner ein und kann mich auf mathematisch und physikalisch Wesentliches konzentrieren. Als Funktionsterme geben wir ein:: 115 248 - 336·x bei y_1 und bei y_2: 144·x - 42 192 ein, die beiden eben erarbeiteten Funktionsterme. Dabei müssen wir beachten, dass der Taschencomputer bei Funktionstermen immer als unabhängige Variable x erwartet und nicht wie in der oben entwickelten physikalischen Modellierung T. Meist erleben wir zunächst eine Enttäuschung, weil die erwarteten Graphen nicht zu sehen sind.

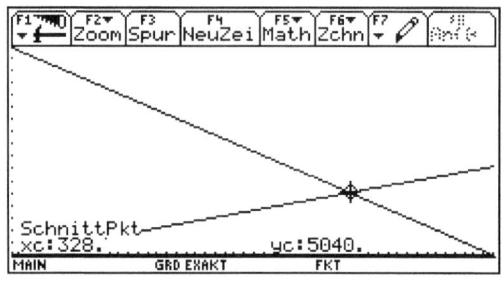

Wir müssen den für das Problem passenden Ausschnitt einstellen. Dabei können wir uns, wenn wir es systematisch machen wollen, zwei Strategien benutzen. Zum einen können wir den Taschencomputer als normalen Taschenrechner einsetzen, nach den obigen Gleichungen für W_{auf} und W_{ab} die Energien für die Temperaturen, berechnen, die unseren Interessenbereich begrenzen. Wir erhalten für 293 K und für 343 K :

Temperatur in K	Energie in J aus W_{ab}	Energie in J aus W_{auf}
293	16 800	0
343	0	7 200

Wir können uns diese Arbeit auch sparen und anders vorgehen. Wir lassen uns eine Wertetabelle vom Taschencomputer erstellen und schauen uns dort die Werte von y_1 und y_2 für alle x im Bereich von 293 bis 343 an. Wir entdecken nicht nur die Werte für die größte und die kleinste Energie in diesem Bereich. Uns wird außerdem auffallen, dass die Werte von y_1 und y_2 bei x = 328 gleich sind. Damit könnten wir die Aufgabe als gelöst betrachten. Ich habe aber die unterschiedlichen Vorgehensweisen der Lernenden berücksichtigt und weitere Lösungsmöglichkeiten angesprochen.

Bevor wir den Graphen zeichnen, geben wir den uns interessierenden Bereich ein und geben ein : X_{min} = 293, X_{max} = 343, X_{scal} = 1, Y_{min} = 0, Y_{max} = 16 800 sowie Y_{scal} = 1 000. Nach diesen Vorarbeiten sehen wir die beiden Geraden wie im obigen Bild. Interessant ist für uns der Schnittpunkt, der uns die Informationen über die vollständige Energieanpassung zwischen Wasser und Glycerin liefert. Bei dieser Temperatur T_m hat das Wasser so viel an Energie an das Glycerin abgegeben, die zum Erwärmen des Glycerin auf T_m benötigt wurde. Wir können den Graphen abtasten und zunächst erste Informationen über T_m erhalten oder wir lassen den Taschencomputer mit seinen eingebauten Routinen die Koordinaten des Schnittpunkts ermitteln und die Lage des Schnittpunkts anzeigen. (siehe obiges Bild)

Mit einem CAS-Rechner oder der Solve-Option eines graphikfähigen Taschenrechners, können wir einen Schritt weiter gehen. Wir geben ein „Löse(115 248 - 336·T = 144·T - 42 192,T)" und erhalten : T = 328. Das kann ein Lernender natürlich auch selber algebraisch ermitteln :

115 248 - 336·T = 144·T - 42 192 $\Leftrightarrow$ 480·T = 157 440 $\Leftrightarrow$ T = 328

Aus allen Lösungswegen folgt : Die Mischungstemperatur beträgt 328 K ($\hat{=}$ 55 °C)

13.2 Der glühende Nagel im kalten Wasser

Diese Erfahrungen können über die nächste **Aufgabe** abgesichert und vertieft werden : „Ein glühender Nagel (m = 4 g, ϑ_n = 1044 °C) wird in 100 g Wasser mit der Anfangstemperatur ϑ_w = 18 °C abgekühlt. Die Wärmekapazität des Nagels beträgt c_n = 0,45$\frac{J}{g \cdot K}$. Welche Mischungstemperatur stellt sich ein, wenn wir von Energieverlusten absehen ?"

Bevor wir eine Lösung erarbeiten, sollen die Lernenden Hypothesen über die Mischungstemperatur aufstellen. Im Gegensatz zum Problem aus 6.1, wo wir Hypothesen nahe bei der korrekten Lösung erwarten können, liegen hier die genannten Hypothesen meist weit auseinander. Es werden Temperaturen weit über 100 °C bis herab zu 50 °C genannt. Dies erhöht die Spannung enorm, eine Lösung zu finden. Entsprechend groß sind auch die Anstrengungen zur Lösung. Man muss sich genau überlegen, zu welchem Zeitpunkt man eine praktische Demonstration vornimmt; denn danach werden als Hypothesen nur noch Temperaturen weit unter 100 °C genannt und die vorher aufgebaute große Spannung bricht stark ein.

Analoge Überlegungen wie in 6.1. führen zu : y_1 = 2370,6 - 1,8·x und y_2 = 420·x - 122 200, y_1 beschreibt die Wärmeabgabe des heißen Nagels, y_2 die Wärmeaufnahme des kalten Wassers.

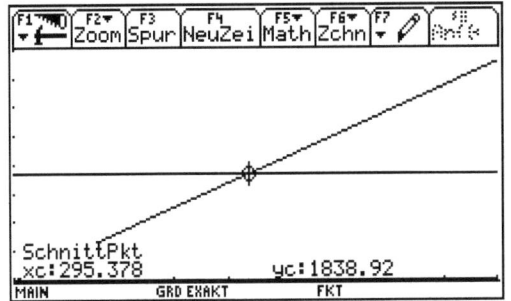
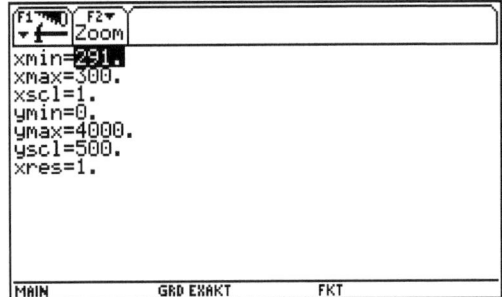

Wenn wir Glück haben, zeigt der Taschencomputer als Graph gerade mal eine Gerade. Von zwei Geraden, geschweige denn von einem Schnittpunkt, ist meist nichts zu sehen. Daher ist es hier enorm wichtig, genaue Einstellungen für das Window-Menü zu finden, also den Bereich, in dem wir die Lösung erwarten. Für den Lehrenden ist es interessant zu beobachten, welche individuelle Strategie die Lernenden jetzt einschlagen. Die beiden Graphen und ihr Schnittpunkt zeigt das linke Bild, die zugehörigen Window-Einstellungen das rechte Bild.

Um an geeignete Window-Einstellungen zu kommen, wird der mehr probierende Typ am ehesten mit einer Wertetafel zum Erfolg kommen und nach gezieltem Suchen die oben im rechten Bild gewählte Einstellung findet. Algebraisch ausgerichtete Lerner lösen dies Problem elegant und rechnen nach dem Vorbild von 6.1 einfach die Koordinaten des Schnittpunkts aus oder lassen das Computeralgebra-System diese Lösung erbringen. Wer sich an der in 6.1 vorgestellten Tabelle orientiert, erhält folgende Werte :

Temperatur in K	Energie in J aus W_{ab}	Energie in J aus W_{auf}
291	1 846,8	0
1317	0	430 920

Die Überraschung für alle Lernenden ist, dass die Mischungstemperatur „nur" rund 295,4 K ($\hat{=}$ 25,4 °C) beträgt. Dies provoziert die Frage „Hätten wir solche eine niedrige Mischungstemperatur nicht von Anfang an vermuten müssen ?"

Beim Blick auf die beiden Geradengleichungen stellt man fest, dass der Graph von y_1, eine Gerade, von einem relativ niedrigen Niveau mit einer Steigung von -1,8 verhältnismäßig lang sam abfällt, während im Vergleich dazu der Graph von y_2, ebenfalls eine Gerade, rasant ansteigt. Wenn man dies bedenkt, dann ist man von einem Schnittpunkt „ganz links im Interessenbereich" (so eine Schüleräußerung), also einer Mischungstemperatur wenige Grad über der Anfangstemperatur des Wassers, nicht mehr überrascht.

13.3 Die Tiefe des Brunnens
„Wirft man einen Stein in einen Brunnenschacht, hört man 4,1 Sekunden nach Beginn des freien Falls den Aufschlag des Steins auf die Wasseroberfläche. Wie tief ist der Brunnen ?"

Lernende lächeln meist über diese Aufgabe. Was ist schon daran ? Sie setzen 4,1 für t in die

Gleichung des freien Falls s = 0,5·g·t² ein mit g = 9,81 $\frac{m}{s^2}$ und erhalten s ≈ 82,45 m. So eine einfache Aufgabe, keine Herausforderung für eine gute Mittelstufenklasse. So die häufig beobachtete etwas voreilige Reaktion der Lernenden. Aber nun sollen sie beschreiben, was in den 4,1 Sekunden alles passiert, und wo das in ihrer Rechnung enthalten ist. Und langsam schlägt die Stimmung um in „Was für eine Zumutung, das ist zu schwer."

Überlegungen analog zu denen in 6.1 führen zu : y_1 = 0,5·g·x² und y_2 = 330· 4,1 - 330·x. y_1 beschreibt den Weg s, den der Stein im freien Fall für alle Zeitpunkte x ∈ [0; t_1] zurücklegt mit 0 ≤ t_1 < 4,1. y_2 beschreibt den Weg, den der Schall im Zeitintervall [t_1; 4,1] durchläuft. t_1 ist der Zeitpunkt, zu dem der Stein auf den Boden des Brunnens auftrifft. Für den Rechner habe ich t durch x ersetzt. Als Schallgeschwindigkeit wählen wir 330 $\frac{m}{s}$. Die beiden Graphen und ihr Schnittpunkt sehen wir im linken Bild, die zugehörigen Window-Einstellungen im rechten Bild.

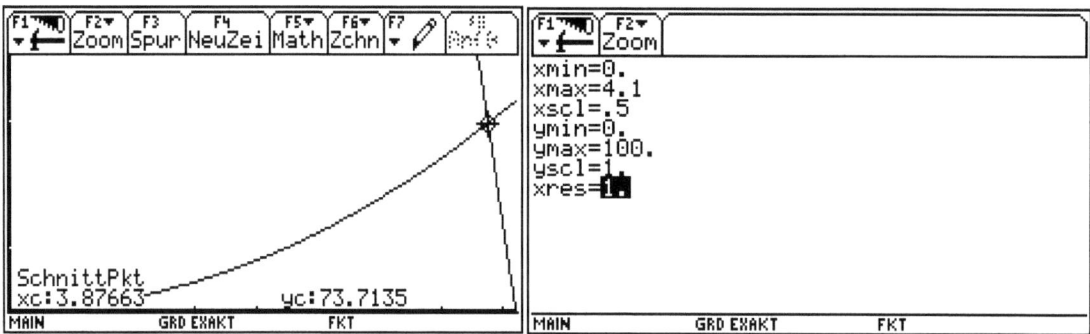

Hätten wir Y_{max} = 330·4,1 gesetzt, könnten wir zwar die Gerade gut sehen, aber die Parabel kaum als Parabel und den Schnittpunkt ganz unten rechts fast in der Ecke. Betrachtet man die quadratische Gleichung 0,5·9,81·t² = 330·4,1 - 330·t, versteht man die Reaktion der Lernenden. Wir lassen uns nicht abschrecken, auch nicht von der ersten Lösung im linken Bild. Wir lösen nach t auf und erhalten entweder per Hand oder vom CA-Sytem eines Rechners :

$$t = -\frac{330}{9,81} + \frac{1}{9,81} \cdot \sqrt{330^2 + 660 \cdot 4,1 \cdot 9,81} \vee t = -\frac{330}{9,81} - \frac{1}{9,81} \cdot \sqrt{330^2 + 660 \cdot 4,1 \cdot 9,81}.$$

Aus t ≈ 3,88 s und nach Einsetzen dieser Lösung in s = 0,5·9,81·t² folgt s ≈ 73,71 m. Die zweite Lösung für t verwerfen wir, da eine negative Zeit keine Lösung des Problems ist.

13.4 Abschlussbemerkungen

Ich habe physikalische Themen gewählt, die nach meinen Erfahrungen sowohl im Mathematik- als auch im Physikunterricht behandelt werden können. Neben den hier vorgestellten Aufgaben sind viele andere lohnende Probleme möglich. Der Unterrichtspraktiker hat keine Schwierigkeiten, geeignete zu finden. Wer mit Hilfe von graphischen Methoden charakteristische Eigenschaften entdecken will, musste sich auch schon früher Gedanken um einen passenden Maßstab und über einen geeigneten Ausschnitt machen. Beim Einsatz eines Taschencomputers muss man sich also auf nichts grundsätzlich Neues einstellen. Nach Wahl eines geeigneten Ausschnitts nehmen uns die Taschencomputer aber die Zeichenarbeit ab. Wir können ihnen weitere mathematische Aufgaben übertragen. Zudem bieten sie die Möglichkeit eines stärker individualisierten Lernen, bei dem Lernende ihre Vorlieben mit einbringen und auch ihre Stärken einsetzen können. Dies im Unterricht zu realisieren, fällt jedoch nicht immer leicht.

14. Zitate

Es gibt keine Fragestellung, die sich nicht letztlich auf ein Zahlenproblem reduzieren ließe. (Auguste Comte)

Fehler, die auf mangelhaften Daten basieren sind viel kleiner als Fehler, die auf gar keinen Daten basieren. (Charles Babbage)

Das mathematische Wesen entwickelt sich immer aus einfacher, im alltäglichen Leben nützlicher Arithmetik, aus Zahlen, diesen Waffen der Götter : die Götter sind dort, hinter der Mauer, beim Spiel mit Zahlen. (Le Corbusier)

Es gibt drei Arten von Lügen : Lügen, verdammte Lügen und Statistiken. (Benjamin Disraeli)

Ich würde so weit gehen, dass ein realistischer Unterricht in Wahrscheinlichkeitsrechnung und besonders Statistik ohne den Rechner nur bedingt möglich ist. (Willy Dörfler, 1985)

Jeder muss im Laufe seines Lebens mehr oder weniger den ganzen Ablauf der kulturellen Entwicklung der Menschheit rekapitulieren. (John C. Eccles, 1984)

Über den Nutzen des Computers in der Pädagogik nachzudenken, heißt nicht, über Computer nachzudenken, sondern über Pädagogik nachzudenken. (Rod Ellis, 1984)

Gott ist ein Kind, und als er zu spielen begann, trieb er Mathematik. Sie ist die göttlichste Spielerei unter den Menschen. (Viktor Erath)

Wenn unser Unterricht heute darin besteht, dass wir Kindern Dinge eintrichtern, die in einem oder zwei Jahrzehnten besser von Rechenmaschinen erledigt werden, beschwören wir Katastrophen herauf. (Hans Freudenthal)

Man kann sich für Zahlentheorie, algebraische Geometrie und Kategorien begeistern und doch einsehen, wie unendlich ärmer die Mathematik ohne die Anregungen wäre, die ihr von den Anwendungen zugeflossen sind. Die Mathematik hat als nützliche Tätigkeit angefangen, und sie ist heute nützlicher , als sie je gewesen ist. Man kann sagen : sie wäre nicht, wenn sie nicht nützlich wäre. (Hans Freudenthal, 1977)

Miss alles, was sich messen lässt, und mache alles messbar, was sich nicht messen lässt. (Galileo Galilei)

Der Mangel an mathematischer Bildung gibt sich durch nichts so auffallend zu erkennen wie durch maßlose Schärfe im Zahlenrechnen. (Carl-Friedrich Gauß)

Es ist nichts schrecklicher als ein Lehrer, der nicht mehr weiß, als die Schüler allenfalls wissen sollen. Wer andere lehren will, kann wohl oft das Beste verschweigen, was er weiß, aber er darf nicht halbwissend sein. (Johann Wolfgang von Goethe)

Wissen allein ist nicht Zweck des Menschens auf der Erde; das Wissen muss sich im Leben auch bestätigen. (Heinrich von Helmholtz)

Dies ist der Gewinn – aber er wird mir nur zuteil, wenn ich den Computer dazu verwende : als Abbild meiner Denkprozesse, die ich in ihm objektiviere und erprobe. Programmieren heißt eben dies. (Hartmut von Hentig)

Wer nichts Unerwartetes erwartet, wird das Unerwartete nicht finden, weil es schwer aufspürbar und unzugänglich ist. (Heraklit)

Wie viele Termumformungen braucht der Mensch ? (Wilfried Herget, 1990)

Wir machen uns innere Scheinbilder und Symbole der äußeren Gegenstände derart, dass die denknotwendigen Folgen der Bilder stets wieder Bilder seien von den naturnotwendigen Folgen der abgebildeten Gegenstände. (Heinrich Hertz)

Ein Inhalt wird dazu in algebraische Formeln eingeschlossen, damit man, indem man die Formel anwendet, nicht hundertmal ein und dasselbe wiederholen muss. (Alexander Ivanowitsch Herzen)

Ein Scherz, ein lachend Wort entscheidet oft die größten Sachen treffender und besser als Ernst und Schärfe. (Horaz)

In der Beobachtung einer anfangs isoliert stehenden Erscheinung liegt oft der Kern einer großen Entdeckung. (Alexander von Humboldt)

Es gibt nichts praktischeres als eine gute Theorie. (Immanuel Kant)

Sage es mir, und ich vergesse es. Zeige es mir, und ich erinnere mich. Lass es mich tun, und ich behalte es. (Konfuzius)

So bleibt uns also das Ziel : aus der Wirklichkeit das mathematische Problem herauszuschälen und das mathematische Ergebnis wieder in die Welt der Wirklichkeit zu übertragen. (Walter Lietzmann)

Ein guter mathematischer Scherz ist immer besser als ein ganzes Dutzend mittelmäßiger Abhandlungen. (John Edensor Littlewood)

Man kann ein großer Rechner sein, ohne die Mathematik zu ahnen. (Novalis)

Es ist zu wenig, eine Aufgabe nur zu verstehen, man benötigt auch den Willen, sie zu lösen. Ohne einen festen Willen ist es nicht möglich, eine komplizierte Aufgabe zu lösen, aber mit ihm ist es möglich. Wo ein Wille ist, ist auch ein Weg. (George Polya)

Dass die niedrigste aller Tätigkeiten die arithmetische ist, wird dadurch belegt, dass sie die einzige ist, die auch durch eine Maschine ausgeführt werden kann. Nun läuft aber alle analysis finitorum et infinitorum im Grund doch auf Rechnerei zurück. Danach bemesse man den „mathematischen Tiefsinn". (Arthur Schopenhauer)

Der Computer zwingt uns zum Nachdenken über Dinge, über die wir auch ohne Computer längst hätten nachdenken müssen. (Hans Schupp)

Als einer der Hauptunterschiede altgriechischer und neuzeitlicher Geometrie gilt das, dass in jener die Figuren sämtlich als starr und fest gegeben angenommen werden, in dieser als beweglich und gewissermaßen fließend, in stetem Übergang von einer Gestaltung zur anderen begriffen. Sollen unsere Schüler die heutige Form der Wissenschaft und gar gelegentlich in deren Anwendung eingeführt werden, so müssen sie beizeiten daran gewöhnt werden, die Figuren als jeden Augenblick veränderlich zu denken und dabei auf die gegenseitige Abhängigkeit ihrer Stücke zu achten, diese zu erfassen und beweisen zu können. Der Auffassung der Figuren als starrer Gebilde kann und muss in verschiedener Weise entgegen gearbeitet werden. Das eine hierzu erforderliche ist das Beweglichmachen der Teile einer Figur. (Peter Treutlein, 1911, als es noch keine Dynamische Geometrie Software gab !)

Sage mir exakt, worin Deiner Meinung nach der Mensch einer Maschine überlegen sei, und ich werde einen Computer bauen, der Deine Meinung widerlegt. (Alan Mathison Turing)

Literaturverzeichnis

Bestandsaufname (1985)	Bestandsaufnahme und Schulberatung in den Klassen 7 - 10 des Gymnasiums. Hannover : Nds Kultusministerium 1985
Biehler, R. (2004)	Neue Medien und innermathematische Vernetzungen in der Stochastik. Anregungen zum Stochastikunterricht, Band 2. Hildesheim : Verlag Franzbecker 2004
Biehler, R. (2006) u.a.	Fathom 2. Berlin : Springer 2006
DIFF (1982)	Wahrscheinlichkeitsrechnung und Statistik unter Einbeziehung von elektronischen Rechnern. 4 Bände. Tübingen : DIFF 1982/4
Elemente (2003)	Elemente der Mathematik, Ausgabe Niedersachsen, Jahrgangsband 9. Hannover : Schroedel 2003
Empfehlungen (1997)	Empfehlungen für den Mathematikunterricht an Gymnasien. Hannover : Niedersächsisches Kultusministerium 1997
Hacking, I. (2006)	An Introduction to Probability and Inductive Logic. New York: Cambridge University Press 2006
Hischer, H. (1994)	Mathematik und Computer (Tagungsband). Hildesheim : Franzbecker 1994
Klingen, L. (1981)	Elementare Algorithmen. Freiburg : Herder 1981
Kutzler, B. (1996)	Symbolrechner TI-92. Bonn : Addison-Wesley 1996
Lehmann, E. (1999)	Terme im Mathematikunterricht. Hannover : Schroedel 1999
Lingmann, B./Schmiedel, H. (1987)	Anekdoten, Episoden, Lebensweisheiten von Naturwissenschaftlern und Technikern. Köln : Aulis Verlag 1987
Riemer, W. (1985)	Neue Ideen zur Stochastik. Mannheim : BI 1985
Riemer, W. (1988)	Riemer-Würfel. Stuttgart : Klett (1988)
Sieber, H. (1978)	Taschenrechner in Sekundarstufe II. In : Taschenrechner im Unterricht. Methodisch-didaktische Untersuchungen und Betrachtungen. MU-Heft 1/1978. Klett : Stuttgart 1978
Stender, R. / Schuchardt, W. (1967)	Der moderne Rechenstab. Frankfurt/Main : Salle 1976
Wirths, H. (1998)	Binomialwahrscheinlichkeiten mit dem Computer. StoiS 1/1998, S. 43 - 54
Wirths, H. (2004)	Wie viele Fahrkarten werden verkauft ? In : Biehler (2004), S. 201 - 217
Wirths, H. (2005)	Vom Rückwärtsschließen im Baumdiagramm zum Testen von Hypothesen. StoiS 2/2005, S. 4 - 10
Wirths, H. (2019)	Lebendiger Mathematikunterricht – Bausteine fürs Gymnasium. BOD : Norderstedt 2019
Wirths, H. (2020)	Stochastikunterricht am Gymnasium. BoD ; Norderstedt 2020
Wunderling, H. (1977)	Einführung in Statistik und Wahrscheinlichkeit durch Simulation. In : MNU 7/1977, S. 400 - 405

Die Abkürzungen bedeuten :

BoD : Books on Demand   DIFF : Deutsches Institut für Fernstudien
MU   : Der Mathematikunterricht   StoiS : Stochastik in der Schule
MNU : Verein zur Förderung des Mathematisch-Naturwissenschaftlichen Unterrichts

Stichwortverzeichnis

Der Autor lebt heute im Ruhestand,
studierte Mathematik, Physik und mathematische Logik an der WWU Münster,
war Fachlehrer für Mathematik und Physik an der Cäcilienschule Oldenburg (Gymnasium),
war Fachberater für Mathematik in der Schulaufsicht,
hatte einen Lehrauftrag für Didaktik der Mathematik an der CvO Universität Oldenburg,
hielt Vorträge und veröffentlichte über Themen aus dem Mathematikunterricht.

Von Helmut Wirths sind bei BoD weitere Bücher als Print und als E-Book erschienen :
Lebendiger Mathematikunterricht,   ISBN 978-3-738 625 83,
Stochastikunterricht am Gymnasium,   ISBN 978 3 750 416 796.
Dieses Buch (Stochastikunterricht am Gymnasium) umfasst die beiden Bücher :
Stochastikunterricht - Unterrichtsbeispiele,   ISBN 978-3-743 188 402,
Stochastikunterricht - Aufgaben und Anfänge,   ISBN 978-3-741 288 616.